ERSTE HILFE FÜR JAGDHUNDE

Akutversorgung im Revier

DR. MED. VET.
CHRISTIAN HACKENBROICH
TIERÄRZTIN WIEBKE OBST

KOSMOS

Inhalt

EINLEITUNG

Die Idee zu diesem Buch entstand aus unzähligen Vorträgen und Diskussionen zu dem Thema „Erste Hilfe beim Jagdhund“ und den Erfahrungen aus dem klinischen Alltag mit verletzten Jagdhunden sowie der Lektüre des Buchs „Der kranke Hund“, dessen 6. Auflage von Georg Alfred Müller und Richard Reinhardt 1932 im ehemaligen Paul Parey Buchverlag erschien.

„Der kranke Hund“, 1932 schon in der 6. Auflage erschienen – eine Inspiration für die Verfasser.

Das Buch richtete sich an Hundehalter, die einen erkrankten oder verletzten Hund nicht zeitnah einem Tierarzt vorstellen konnten. Daher gab der Ratgeber diesen Hundehaltern praktische Hilfen zur Diagnosefindung und Therapie, um die Zeit bis zum Tierarztbesuch zu überbrücken. Im Vorwort zur ersten Buchauflage von 1896 betonte der Autor den Tierschutzgedanken als Entstehungsgrundlage für sein Werk und erscheint damit sehr modern!

Heute mutet die Idee eines solchen Ratgebers nahezu veraltet an, da die modernen Kommunikationstechniken fast immer die Möglichkeit bieten, sich schnell über jedes erdenkliche Thema zu informieren. Doch besteht genau darin auch eine Gefahr:

Die verfügbaren Informationen erscheinen endlos, und die Qualität der verschiedenen Ratschläge kann der Laie zumeist kaum beurteilen. Und so soll auch dieses Buch Hundeführern in kompakter Form helfen, häufig auftretende Notfälle zu erkennen, deren Schweregrad einzuschätzen und die ersten, unter Umständen lebensrettenden Maßnahmen einzuleiten.

Hierbei muss auch auf einen Unterschied zur Ersten Hilfe beim Menschen hingewiesen werden. In der Humanmedizin ist davon auszugehen, dass in kürzester Zeit medizinisches Fachpersonal vor Ort ist und die weitere Diagnostik und Therapie des betroffenen Menschen übernimmt. Dies ist in der Tiermedizin grundlegend anders, da es hier im Gegensatz zur Humanmedizin keine flächendeckende ambulante Notfallversorgung gibt. Zurzeit sinkt sogar die Zahl der tiermedizinischen Einrichtungen, die einen 24 Stunden umfassenden Notdienst anbieten, immer weiter, eine flächendeckende Notfallversorgung ist immer weniger gewährleistet. Ein Zustand, der mit dem im Grundgesetz verankerten Staatsziel des Tierschutzes unvereinbar erscheint, ihn geradezu konterkariert.

Gleichwohl erklärt dieser Umstand, dass die Zeitspanne zwischen dem Eintritt eines Traumas und der adäquaten tiermedizinischen Versorgung des verletzten Hundes oft sehr lang ist. Umso wichtiger ist somit das Erkennen von Notfällen und die korrekt ausgeführte Erste Hilfe für den Hund. Das stellt zweifellos hohe Anforderungen an den Hundeführer. Um diesen Anforderungen gerecht zu werden, muss man sich mit dem Thema auseinandersetzen und den Notfall üben. Hier verhält es sich genauso wie mit dem jagdlichen Schießen: Die Erste Hilfe lebt von Wissen, regelmäßiger Wiederholung und Erfahrung. Daher ist dieses Buch auch nicht als Nachschlagwerk für den akuten Notfall zu verstehen, sondern als „präventive“ Basislektüre, um auf den Ernstfall vorbereitet zu sein.

Noch einmal zurück zu dem oben erwähnten Buch „Der kranke Hund“. Die Autoren erklärten auch, dass ihr Buch nicht den Tierarzt ersetzen könne. Und das gilt heute genauso und auch für diesen Ratgeber: Aufgabe der Ersten Hilfe ist es, eben diese zu leisten – nicht mehr und nicht weniger. Im Zweifel muss der verletzte Hund nach der Erstversorgung immer in einer tiermedizinischen Einrichtung zur weiteren Untersuchung und Behandlung vorgestellt werden.

Wir wünschen Leserinnen und Lesern Waidmannsheil und allzeit gesunde Hunde!

Dr. Christian Hackenbroich und
Wiebke Obst

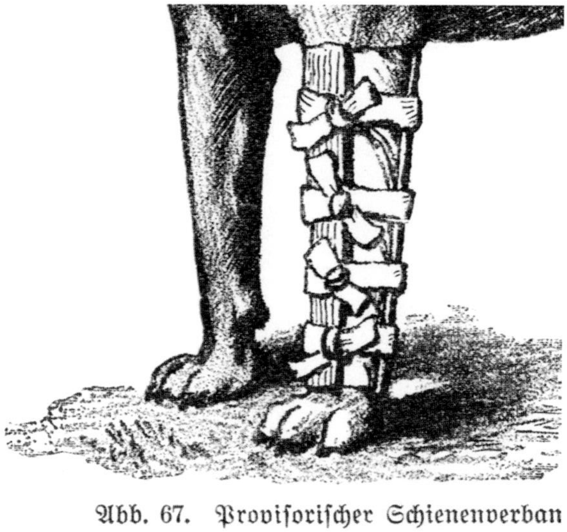

Versorgung einer Unterarmfraktur, Therapievorschlag von 1932.

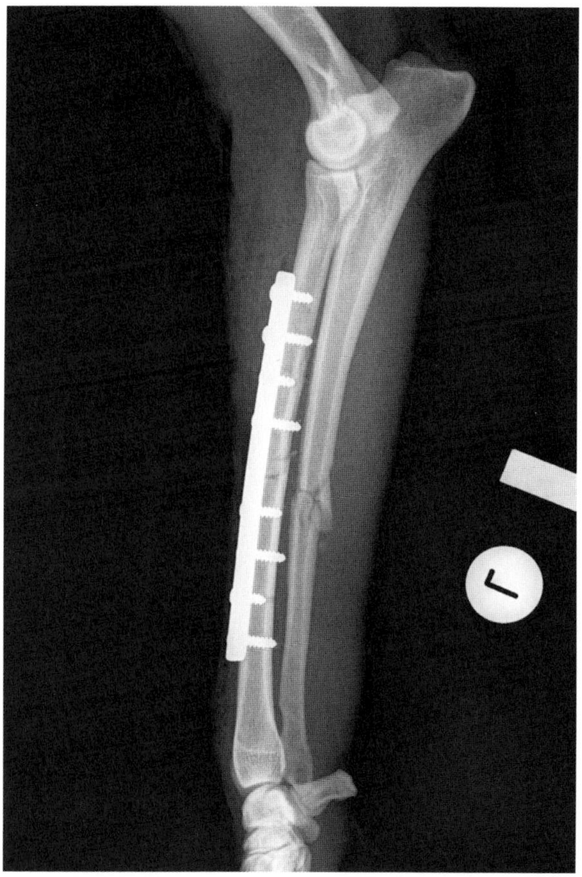

Die Zeiten ändern sich: Röntgenbild der Versorgung einer Unterarmfraktur mit einem modernen Plattensystem.

GRUNDLEGENDES ZUR ERSTEN HILFE

JAGDHUNDE IM EINSATZ – GEFÄHRDUNGEN

Der Einsatz von Jagdhunden birgt immer ein Gefährdungspotenzial, dessen man sich als Hundeführer bewusst sein sollte. Einige der Gefahren sind offensichtlich, während andere häufig vom Hundeführer gar nicht als solche wahrgenommen werden. Üblicherweise denkt man bei den möglichen Gefährdungen der Jagdhunde zuerst an Verletzungen durch wehrhaftes Wild. Tatsächlich ist auch ein Großteil der Traumata auf Kontakte mit Wild zurückzuführen. Zu den weiteren, offensichtlichen Gefahren, die ebenfalls schwere Verletzungen verursachen können und den meisten Hundeführen geläufig sind, gehören Verkehrsunfälle, Stürze aus größerer Höhe, Bissverletzungen durch andere Jagdhunde und leider auch Schussverletzungen.

Weniger offensichtliche Risiken, jedoch nicht minder gefährlich für die eingesetzten Jagdhunde, sind Totholz, Dornen, Parasiten sowie Infektionen. Die nähere Betrachtung der häufigsten Gefährdungen ist insoweit lohnend, da die Verletzungsmuster differieren und daher auch unterschiedliche Maßnahmen bei der Diagnostik und der Ersten Hilfe erfordern. Die unten aufgeführten Beispiele erheben keinen Anspruch auf Vollständigkeit.

VERLETZUNGEN DURCH WEHRHAFTES WILD

Traumata durch wehrhaftes Wild sind die klassischen und auch die häufigsten Verletzungen von Jagdhunden. Die Verletzungs-

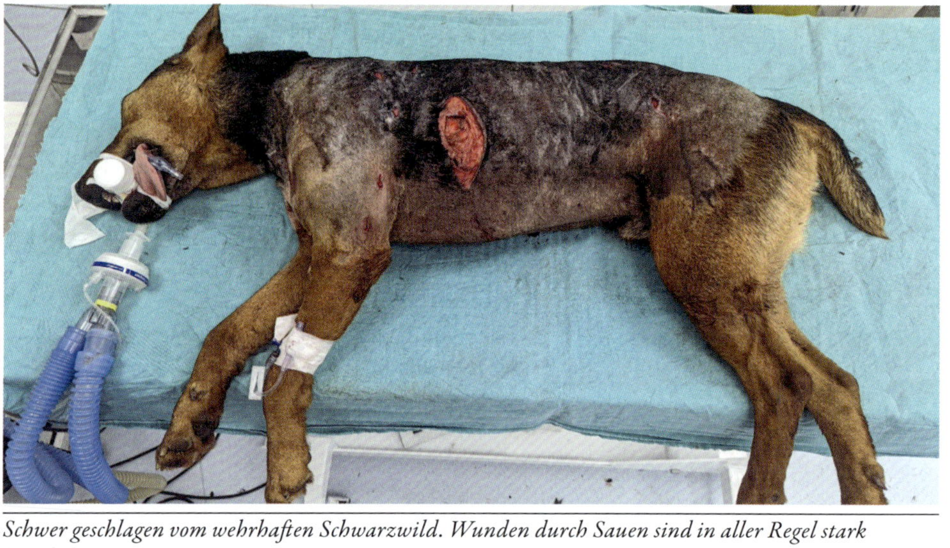

Schwer geschlagen vom wehrhaften Schwarzwild. Wunden durch Sauen sind in aller Regel stark keimbelastet.

In Gebieten mit hoher Waschbärdichte tritt bei Hunden die folgenreiche sogenannte Coonhound paraylsis auf. Die Erkrankung ist noch weitgehend unerforscht.

muster reichen von Bissverletzungen durch Raubwild und Sauen bis hin zu Stich- und Rissverletzungen durch Schwarzwild und Geweihträger. Zusätzlich können Wölfe und Luchse eine Gefahr für die Hunde darstellen.

RISIKO INFEKTIONEN

Neben der direkten Gewebeschädigung durch das ursächliche Trauma kommt es häufig zu einer starken Kontamination der Wunden durch Haare und/oder Erde sowie einer nachfolgenden bakteriellen Infektion. Insbesondere die durch die Waffen der Wildschweine verursachten Stichverletzungen werden aufgrund ihrer meist geringen Größe an der Körperoberfläche unterschätzt. Tatsächlich verursachen aber viele dieser Stichverletzungen tiefe infizierte Wunden, die auch zu Eröffnungen der Brusthöhle und/oder der Bauchhöhle führen können. Tritte und stumpfe Traumata durch schweres Wild können ebenfalls beobachtet werden.

ACHTUNG

Tritte und stumpfe, also äußerlich zunächst nicht sofort erkennbare Traumata dürfen nicht unterschätzt werden!
In seltenen Fällen kann es dabei trotz Schlagschutzwesten zu inneren Verletzungen wie Lungenschäden und/oder inneren Blutungen kommen.

IN WASCHBÄRGEBIETEN

Die meisten Jägerinnen und Jäger wissen von der Gefahr einer Krankheitsübertragung durch wehrhaftes Wild im Fall des Aujeszky-Virus durch Schwarzwild (s. S. 12) sowie der Staupe oder Räude durch Raubwild. Weit weniger bekannt ist dagegen das Risiko einer akuten sogenannten Polyradikuloneuritis. Diese Erkrankung ist in Gebieten mit hoher Waschbärdichte von Bedeutung und auch unter dem Begriff Coonhound paraylsis bekannt. Ihre genaue Ursache ist bisher zwar nicht geklärt, ihr Auftreten wird aber mit Verletzungen und/oder Bissen durch den Kleinbären in Verbindung gebracht. Kennzeichen sind Lähmungserscheinungen und verringerte Reflexreaktionen. Diese Erscheinungen beginnen in der Hinterhand und steigen dann auf. In fortgeschrittenen Stadien können alle vier Gliedmaßen und der Kopf von einer Lähmung betroffen sein. Auch ein vollständiger Ausfall der spinalen, das heißt vom Rückenmark ausgesandten Reflexe, und der Verlust der Stimme sind u. a. möglich. In sehr schweren Fällen treten auch Lähmungen der Atemmuskulatur auf. Solange keine schwere Atemlähmung vorliegt, ist die Prognose gut. Die Dauer der Erkrankung kann aber zwischen zwei Wochen und drei Monaten schwanken.

VERKEHRSUNFÄLLE UND STÜRZE

Kollisionen mit Fahrzeugen und auch Stürze führen häufig zu Frakturen der langen Röhrenknochen, kombiniert mit inneren Verletzungen des Brustkorbs und/oder Bauchraums. Auch Schädel-Hirn-Traumata und Verletzungen der Wirbelsäule sind möglich. Während die Fraktur(en), bedingt durch den Funktionsverlust der betroffenen Gliedmaße(n), leicht zu erkennen sind, stellt sich dies bei den inneren Verletzungen anders dar. Jeder Hund, der von einem Auto erfasst worden oder aus größerer Höhe gestürzt ist, sollte daher in einer tierärztlichen Einrichtung zum Ausschluss innerer Verletzungen vorgestellt werden. Gleiches gilt, wenn neurologische Ausfälle, wie z. B. eine Hinterhandlähmung, beobachtet werden.

VERLETZUNGEN DURCH PFLANZEN

Pflanzen stellen ein nicht unerhebliches Verletzungsrisiko für Jagdhunde dar. Sie können mitunter ernste Probleme verursachen.

VERKLEBEN, SCHNEIDEN, STECHEN

Kletten Diese Pflanzen können – insbesondere bei Hunden mit langem und/oder dichtem Haar – zu massiven Verklebungen des

Schnittwunden durch Schilf sind bei der Wasserarbeit in entsprechendem Gelände nie auszuschließen.

Fells und damit zu Bewegungseinschränkungen führen.

Schilfpflanzen Die scharfrandigen Blätter dieser Pflanzen verursachen Hunden, die Wasserarbeit verrichten, mitunter schwere Schnittverletzungen im Bereich des Gesichtsschädels und der Gliedmaßen.

Dornen und Stacheln Dringen diese Pflanzenteile in die Ballen der Pfoten ein, können sie Lahmheiten auslösen. Sollten diese oft nur sehr kleinen Fremdkörper nicht gleich vom Hundeführer erkannt und entfernt werden, können sie in Folge im Bereich der Pfoten/Gliedmaßen wandern und Abszesse verursachen.

Totholz Abgestorbenes Holz, wie z. B. Äste und Stöcke, kann Stichverletzungen bzw. Pfählungsverletzungen verursachen, einhergehend mit Perforationen des Rachenraumes, des Brustkorbs oder der Bauchhöhle.

PFLANZENTEILE IM HUNDEAUGE

Gelangen Pflanzenteile hinter das dritte Augenlid des Hundes, die sogenannte Nickhaut, führt das häufig zu Rötungen der Bindehäute (Konjunktiven) und schlimmstenfalls zu meist oberflächlichen Wunden der Hornhaut. Schwerwiegender sind Verletzungen der Hornhaut durch Stacheln oder Dornen. Patienten mit einer perforierenden Verletzung der Hornhaut sind als absolute Notfälle einzustufen und sollten sofort in einer tierärztlichen Einrichtung, die auf Augenerkrankungen spezialisiert ist, vorgestellt werden.

PFLANZENTEILE IN DEN ATEMWEGEN

Grannen, Ähren, kleinere Äste und ähnliche Pflanzenteile können von Hunden entweder über den Fang oder die Nase eingeatmet werden, insbesondere bei Hetzen. Größere Fremdkörper, die über die Nase eingesogen werden, setzen sich manchmal in den Nasengängen fest und führen dann häufig zu Niesattacken und meist einseitigem Nasen-

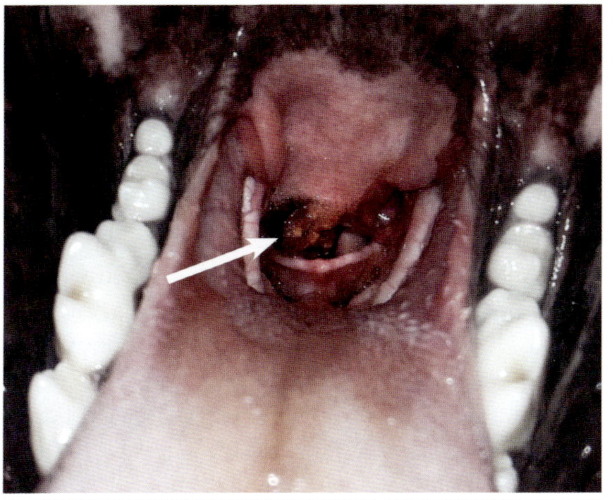

Blick in den Fang: Oberhalb des Kehldeckels, vor der Öffnung der Trachea ist das Ende eines Astes (Pfeil) zu erkennen.

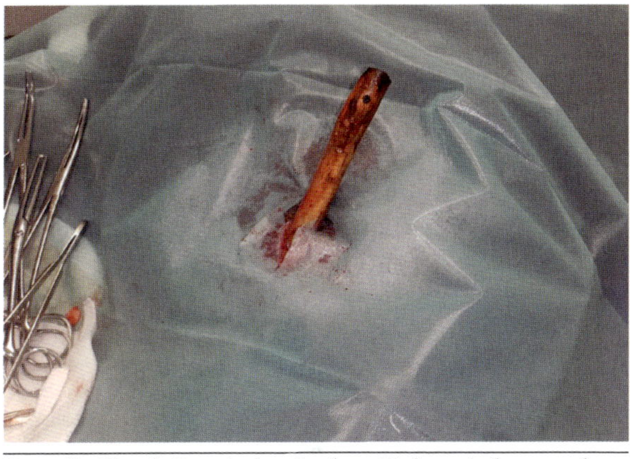

Derselbe Hund: Der Ast hat Rachen, Halsmuskulatur und Haut durchstoßen. Solche Fremdkörper zu entfernen, ist Sache des Tierarztes!

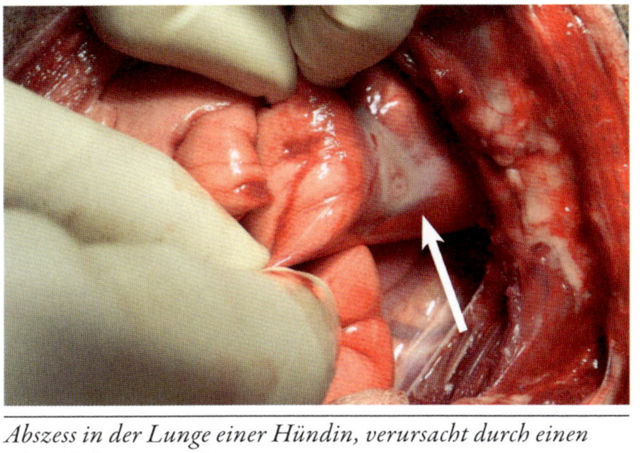

Abszess in der Lunge einer Hündin, verursacht durch einen pflanzlichen Fremdkörper.

ausfluss. Kleinere oder über den Fang eingeatmete Fremdkörper vermögen über die Luftröhre und die Bronchien bis in die Lunge vorzudringen und dort Abszesse zu verursachen. Aufgrund der anatomischen Gegebenheiten beim Hund ist die rechte Lungenhälfte dabei häufiger von aspirierten Fremdkörpern betroffen als die linke Hälfte. Akute Symptome für einen Fremdkörper in den tieferen Atemwegen können starker Hustenreiz, außerdem Leistungsabfall sowie Atemnot sein. Bei einem chronischen Verlauf treten unter Umständen zusätzlich Fieber sowie eitriger oder blutig-eitriger Auswurf beim Husten auf.
Zu Fremdkörperaspirationen kommt es gehäuft im Spätsommer und Herbst, zum Beispiel bei Nachsuchen in Getreidefeldern.

INFEKTIONEN UND PARASITEN

PSEUDOWUT

Eine tödliche Infektionsgefahr für Hunde stellen Wildschweine dar, die mit dem Aujeszky-Virus infiziert sind. Immer wieder erkranken in Deutschland Jagdhunde, die sich an einem Wildschwein mit diesem Virus angesteckt haben. Dies kann durch die Aufnahme von rohem Schweinefleisch oder durch den Biss einer Sau geschehen. Die Erkrankung verläuft beim Hund immer tödlich, eine sichere Diagnose ist nur post mortem möglich. Sie äußert sich insbesondere durch unstillbaren Juckreiz und wird wegen der tollwutähnlichen Symptome auch Pseudowut genannt.

Die Räude hat vielerorts in den Fuchsbesätzen stark zugenommen. Sie ist auch für (Jagd-)Hunde gefährlich.

INFEKTIONEN

Unter Infektionen oder „Ansteckungen" ist das (passive) Eindringen von Krankheitserregern in einen Organismus zu verstehen. Sie werden je nach Erreger – Bakterium oder Virus – unterschieden in bakterielle und in virale Infektionen. Ein typisches Beispiel für eine bakterielle Infektion ist die Leptospirose, ein ebenso typisches Beispiel für eine virale Infektion ist die Staupe. Auf beide Erkrankungen wird im Kapitel „Gefahrenvermeidung" (S. 126 ff.) eingegangen.

FLÖHE, ZECKEN UND CO.

Arthropoden wie Flöhe, Zecken, Läuse, Haarlinge und Milben können auch von Wildtieren auf Hunde übertragen werden. Sand- und Stechmücken sind weitere Arthropoden, die eine Gefahr für Hunde darstellen. Während in Mitteleuropa Flöhe und Zecken weit verbreitet sind, treten Haarlinge und Läuse hier nur sporadisch auf.
Ein mäßiger Floh- oder Zeckenbefall führt bei gesunden Hunden nicht zu einer direkten Gesundheitsbeeinträchtigung, allerdings sind indirekte Schädigungen, durch z. B. eine Flohspeichel-Allergie-Dermatitis, möglich. Schwerer wiegt aber, dass Arthropoden als Vektoren folgenschwere Infektionserkrankungen wie z. B. Anaplasmose, Babesiose, Ehrlichiose, Borreliose sowie Leishmaniose und auch Bandwürmer übertragen können.

FUCHSBANDWURM UND RÄUDE

Der Fuchsbandwurm *(Echinococcus multilocularis)* stellt insbesondere für jagdlich geführte Hunde eine seltene, aber ernstzunehmende Gefahr dar. Zudem ist er als Zoonose auch für den Menschen gefährlich. Bei Kontakt mit räudigen Tieren ist die Übertragung der Sarcoptes-Räude ein nicht zu unterschätzendes Risiko.

SCHUSSVERLETZUNGEN

BÜCHSENMUNITION

Die zur Jagd eingesetzte Büchsenmunition hat die Aufgabe, das beschossene Wild schnell und soweit möglich schmerzfrei zu töten. Dies soll durch die Abgabe der kinetischen Energie des Projektils im Wildkörper gewährleistet werden, welche zur Zerstörung der lebenswichtigen Organe führt. Im § 19 des Bundesjagdgesetzes werden daher die minimal geforderte Auftreffenergie für unterschiedliche Wildarten und die zu verwendenden Kaliber definiert.

Geringe Überlebenschance

Die gleiche Wundballistik entfaltet Büchsenmunition auch im Körper eines Jagdhundes. Bei direkten Treffern des Schädels, des Brustkorbs oder des Bauchraums sind die Überlebenschancen für den betroffenen Hund sehr gering. Anders sieht es aus, wenn „nur" die Gliedmaßen getroffen sind. Hier ist das Überleben des Hundes deutlich wahrscheinlicher, wobei der Erhalt der betroffenen Gliedmaße(n) meist sehr aufwendig und häufig keine vollständige Wiederherstellung der Gliedmaßenfunktion möglich ist. Büchsenmunition soll neben der geforderten tierschutzgerechten Tötung auch einen Ausschuss erzeugen, um im Fall eines Falles eine Nachsuche zu erleichtern. Wird der Hund von dem den Ausschuss erzeugenden Geschosskern verletzt, ist die Prognose für sein Überleben besser, da der größte Teil der kinetischen Energie bereits vom Wildkörper resorbiert wurde. Aber auch hier sind in Abhängigkeit von der getroffen Körperregion lebensgefährliche oder letale Verletzungen möglich.

SCHROT

Die tödliche Wirkung korrekt durchgeführter Schrotschüsse beruht darauf, dass viele Schrote annähernd zeitgleich auf der Körperoberfläche des Wildes aufschlagen und so

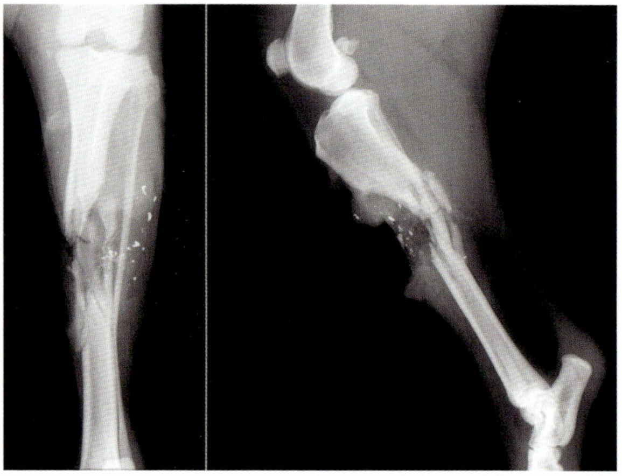

01

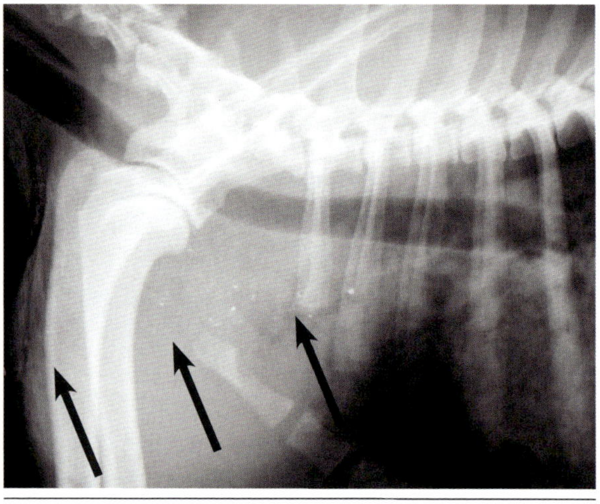

02

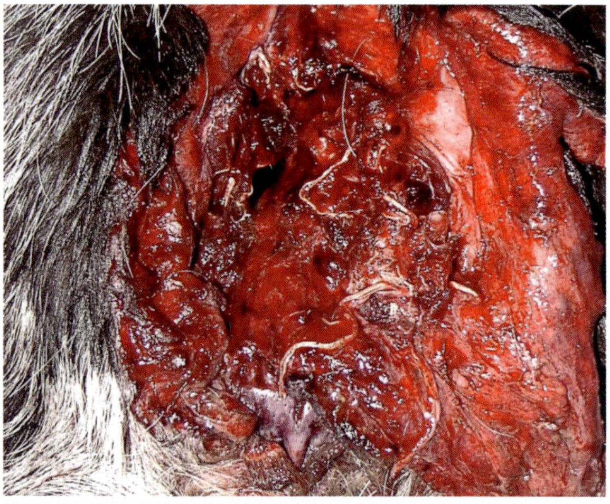

03

TIPP
Dass die tödliche Wirkung eines Schrottschusses auf einem Schock beruht, erkennt man daran, dass bei waidgerecht durchgeführten Schüssen die Schrote nur die Haut perforieren und maximal in die oberste Muskelschicht vordringen. Mechanisch verletzt werden lebenswichtige Organe dabei in aller Regel nicht.

einen neurogenen Schock auslösen. Dieser Schock bewirkt einen neurologischen Ausfall der Regulation des Herz-Kreislauf-Systems und der Gefäßmuskulatur. Infolgedessen kommt es zu einer Erweiterung der Blutgefäße, die wiederum zu einem relativen, hypovolämischen Schock und damit zu einer tödlichen Sauerstoffunterversorgung der lebenswichtigen Organe führt. Bei einer zu großen Schussentfernung kommt es zu einer großen Streuung mit schlechter Deckung und somit auch geringerer tödlicher Wirkung. Bei einer zu geringen Schussentfernung wirkt die Schrotgarbe annähernd wie ein Einzelprojektil und verursacht schwerste, häufig tödliche Verletzungen.

01 Unterschenkel mit Büchsenschussverletzung in zwei Ebenen. Schlimmer als die Trümmerfraktur des Wadenbeins war der massive, großflächige Weichteilschaden mit starker Blutung.

02 Ein Geschosskern drang von vorn in den Thorax dieses Hundes ein und verließ ihn durch die linke Brustwand. Die Pfeile zeigen auf den vorderen Teil des Schusskanals.

03 Beckenregion und Damm einer DD-Hündin, die auf kurze Distanz von einer Schrotgarbe getroffen wurde. Rute und Rektum inklusive Schließmuskels sowie Teile von Vagina, Vulva und Harnröhre sind zerstört. Das Tier musste eingeschläfert werden.

Bei unsachgemäßer Schusswaffenhandhabung bergen auch Niederwildjagden Gefahren für die eingesetzten Hunde.

AUFGABEN DER ERSTEN HILFE UND NOTFALLEINTEILUNG

AUFGABEN DER AKUTVERSORGUNG

Als Erste Hilfe sind in der Humanmedizin lebensrettende und gesundheitserhaltende Sofortmaßnahmen definiert, die leicht zu erlernen sind und von jedermann in Notsituationen durchgeführt werden können. Dazu gehören u. a. die Alarmierung von Rettungskräften, ggf. das Sichern der Unfallstelle und eben die Erstversorgung der erkrankten beziehungsweise verletzten Person(en) bis zum Eintreffen der Rettungskräfte. Wie schon in der Einleitung beschrieben, stellt sich die Situation in der Tiermedizin anders dar: Es gibt keinen flächendeckenden Rettungsdienst für erkrankte oder verletzte Tiere, der alarmiert werden könnte, schnell vor Ort wäre und die weitere Versorgung der Patienten übernimmt. Daher sind die Aufgaben der Ersten Hilfe in der Tiermedizin weiter zu fassen. Die Aufgaben der Ersten Hilfe lassen sich in fünf Punkte gliedern:

1. Erkennen eines Notfalles
2. Abschätzen des Schweregrades des Notfalles
3. Notwendige Erste Hilfe leisten
4. Qualifizierte Hilfe anfordern/informieren
5. Abtransport des verletzten/erkrankten Patienten

Der erste Schritt einer erfolgreichen Ersten Hilfe ist das Erkennen und Einschätzen von Notfällen. Daher soll hier auf die beiden ersten Punkt kurz näher eingegangen werden. Die drei weiteren Punkte werden in den folgenden Kapiteln behandelt.

NOTFALLERKENNUNG UND -PRIORISIERUNG

In der Humanmedizin wird ein Notfall als ein Zustand eines Patienten definiert, der ohne sofortige Therapie zu schweren, unter Umständen bleibenden Schäden oder zum Tod führen kann und häufig auch mit Einschränkungen elementarer Vitalfunktionen einhergeht. Diese Definition lässt sich auch ohne Weiteres auf die Tiermedizin übertragen.

Allerdings ist das Erkennen von Notfällen und Abschätzen des Schweregrades nicht immer einfach. Bei dem eigenen Hund fallen dem Besitzer meist schon geringgradige Veränderungen des Verhaltens oder der Körperhaltung auf und führen zu einer genaueren Untersuchung des Hundes durch den Besitzer. Hier ist das Risiko, einen nicht offensichtlichen Notfall zu übersehen, deutlich geringer als bei Bewegungsjagden, wo unter Umständen mehrere Hunde gleichzeitig verletzt werden und nicht immer so-

Notfälle richtig einzuordnen, ist eine wichtige Vorausssetzung für adäquate Erste Hilfe.

fort von ihrem jeweiligen Besitzer selbst untersucht werden können.

UNTERSUCHUNG – NACH JEDEM JAGDEINSATZ

Während klagende, äußerlich erkennbar verwundete und/oder stark lahmende Hunde die Aufmerksamkeit aller schnell auf sich ziehen, werden Hunde, die ein ruhigeres Verhalten ohne sichtbare Verletzungen zeigen, meist nicht genauer beachtet. Aber gerade die weiter vorn schon erwähnten inneren Verletzungen sind oft viel gravierender als die offensichtlichen Wunden und führen anfänglich nicht selten nur zu einem veränderten, ruhigeren Verhalten des Hundes infolge von beispielsweise starken Schmerzen, einem Schock und/oder einer Einschränkung der Vitalfunktionen.

Wichtig ist aber gerade, die wirklich schwer verletzten Hunde so schnell wie möglich zu erkennen und ihnen die entsprechende, unter Umständen lebensrettende Hilfe rasch zukommen zu lassen. Daher sollte jeder Hund nach einem Jagdeinsatz, wenn möglich von seinem Besitzer, grundsätzlich auf Verhaltensänderungen oder etwaige Verletzungen untersucht werden.

EINTEILUNG VON NOTFÄLLEN

SCHWEREGRAD	ZEITSPANNE FÜR DIE VERSORGUNG	BEISPIELE
Absolute Notfälle	Sekunden bis Minuten	Atemstillstand, Herzstillstand, sehr starke Blutungen
Schwere Notfälle	Minuten bis zu einer Stunde	perforierende Brust und/oder Bauchhöhlenverletzungen, schwere Atemnot, Wirbelsäulenverletzungen mit neurologischen Ausfällen, starke Blutungen, schwerer Schock
Dringende Notfälle	bis zu mehrere Stunden	nichtperforierende Brust und/oder Bauchhöhlenverletzungen, geringgradiger Schock, offene Frakturen, offene Gelenkverletzungen, größere Wunden
Weniger dringliche Notfälle	bis zu 24 Stunden	geschlossene Frakturen der langen Röhrenknochen und/oder des Beckens ohne Schock, oberflächliche, kleinere Wunden

BEURTEILUNG DES SCHWEREGRADS

Werden bei der Untersuchung offensichtliche Traumata oder Hinweise auf innere Verletzungen gefunden, muss der Schweregrad des Notfalls eingeschätzt werden. Auch hier zeigt die Erfahrung, dass offensichtliche Verletzungen häufig als schwerwiegender eingeschätzt werden als sie es tatsächlich sind.
Die Tabelle oben ist hilfreich, um Notfälle nach ihrer Dringlichkeit einzuteilen und die Zeitspanne zu kennen, innerhalb derer eine Erste Hilfe beziehungsweise die weiterführende tiermedizinische Versorgung erfolgen sollte. Die Liste erhebt keinen Anspruch auf Vollständigkeit.

ABSOLUTE NOTFÄLLE

Ein Beispiel für einen absoluten Notfall wäre die Durchtrennung einer Halsschlagader. Infolge des großen Blutverlusts in sehr kurzer Zeit kommt es schnell zur Bewusstlosigkeit und schließlich zum Tod durch Verbluten. Wenn sich in einem solchen Fall nicht ein Ersthelfer in direkter Nähe des Patienten befindet, die Verletzung sofort bemerkt und die richtigen Schritte einleitet, besteht für den Patienten kaum eine Überlebenschance. Das gleiche gilt analog sowohl für einen Atemstillstand als auch einen Herzstillstand.

SCHWERE NOTFÄLLE

Eine perforierende Bauchhöhlenverletzung mit einem Vorfall von Eingeweiden (s. S. 66 und 67 o.) ist als schwerer Notfall einzustufen und auch leicht als solcher zu identifizieren. In diesem Fall sind die Grenzen der Ersten Hilfe, die hier übrigens sehr gut und effektiv geleistet werden kann, aber offensichtlich. Dass hier eine schnellstmögliche tiermedizinische Versorgung vonnöten ist,

ist ebenfalls für jeden klar ersichtlich. Das Gleiche gilt für einen schweren Schock, der aber um einiges schwerer zu erkennen ist.

DRINGENDE NOTFÄLLE

Größere, nicht stark blutende Wunden sehen häufig erschreckend aus, sind aber nur als dingender Notfall einzustufen. Solange der Patient keine Anzeichen eines Schocks oder Einschränkungen seiner Vitalfunktionen zeigt, hat man nach der Erstversorgung mehr Zeit, bis der Patient tiermedizinisch versorgt werden muss.

WENIGER DRINGENDE NOTFÄLLE

Geschlossene Frakturen der langen Röhrenknochen sind ein Beispiel für weniger dringende Notfälle. Allerdings müssen innere Verletzungen und/oder ein Schock, die beide häufig mit Frakturen einhergehen, ausgeschlossen werden. Hierzu sollte der Patient zeitnah zur ausführlichen Diagnostik und einer initialen Therapie in einer tierärztlichen Einrichtung vorgestellt werden. Die eigentliche, chirurgische Versorgung der geschlossenen Fraktur kann in aller Regel ohne Nachteile für den Patienten später erfolgen.

AUGENVERLETZUNGEN

Eine gesonderte Stellung nehmen bei dieser Betrachtung Verletzungen der Augen, insbesondere der Hornhaut, ein. Eine perforierende Verletzung der Hornhaut durch z. B. Brombeerstacheln kann unbehandelt schnell zum Verlust des Auges führen. Daher ist grundsätzliche jede Augenverletzung als dringender bis schwerer Notfall einzustufen, obwohl keine akute Lebensgefahr besteht, und der Patient sollte möglichst zeitnah in einer tierärztlichen Einrichtung mit entsprechender Expertise und Ausrüstung vorgestellt werden.

ACHTUNG

Problematisch an Augenverletzungen des Hundes ist für den Besitzer, dass die Tiere meist ein ungestörtes Allgemeinbefinden zeigen. Als Symptome treten unter Umständen nur vermehrtes Kratzen an dem verletzten Auge und/oder gerötete Bindehäute auf.

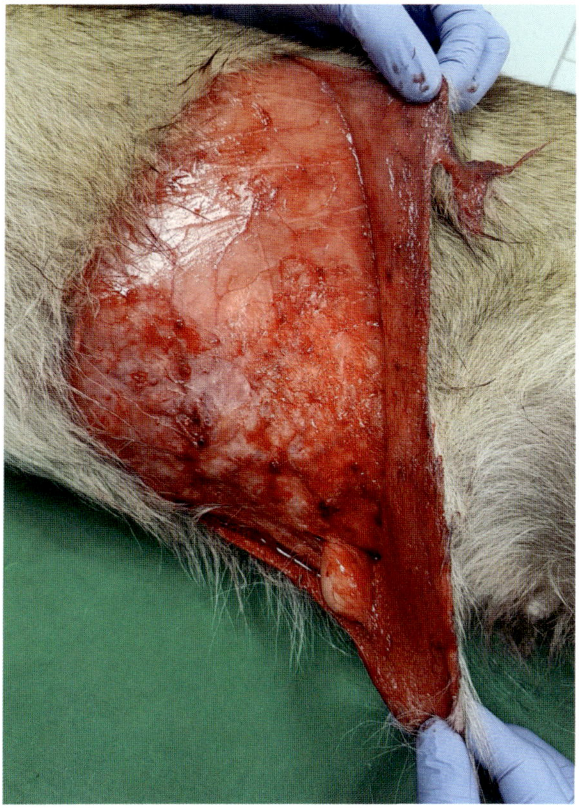

Große, aber oberflächliche, kaum blutende Wunde am Rumpf. Sie sieht bedrohlich aus, ist aber nicht akut lebensgefährdend.

ZUM TIERARZT – SO FRÜH WIE MÖGLICH!

Je schneller die Erste Hilfe und die weitere tiermedizinische Versorgung erfolgt, desto besser für den Patienten, denn noch einmal: Die Erste Hilfe ersetzt niemals die tiermedizinische Versorgung! Bei Zweifeln bezüglich des Schweregrades eines Notfalles sollte immer zeitnah eine tierärztliche Einrichtung aufgesucht werden.

KLINISCHE UNTERSUCHUNG – „EIN-MINUTEN-DIAGNOSE"

Der erste Schritt für eine erfolgreiche Erste Hilfe ist das Erkennen und Einschätzen von Notfällen, wie im vorherigen Kapitel bereits beschrieben. Grundlage hierfür ist wiederum eine kurze, klinische Untersuchung des Hundes. Sie vornehmen zu können, setzt ein Mindestmaß an anatomischem und physiologischem Wissen des Hundehalters voraus.

GRUNDLAGEN

Wie in der Einleitung erwähnt, kann es hilfreich sein, die klinische Untersuchung bereits zu Hause regelmäßig am gesunden und ruhigen Hund zu üben, um den Ablauf und die Untersuchungstechniken zu verinnerlichen und so im Ernstfall schnellstmöglich abrufen zu können. Hier gilt: Routine gibt Sicherheit! Je genauer der Hundeführer in der Lage ist, den klinischen Zustand des verletzten Hundes zu beurteilen, desto schneller kann dem Vierbeiner gezielt geholfen werden.

UNTERSUCHUNGSMETHODEN

Die klinische Notfalluntersuchung des Jagdhundes ist keine komplette Allgemeinuntersuchung, sondern beschränkt sich vielmehr auf wichtige Vitalparameter und das Erkennen von Verletzungsmustern, die bei geschlagenen Hunden gehäuft auftreten.

Die Untersuchung sollte nur wenige Minuten in Anspruch nehmen und so dem Hundeführer schnell einen Überblick über den Zustand des Hundes geben. Daher auch der Begriff „Ein-Minuten-Diagnose".
Drei einfache Untersuchungsmethoden stehen hierfür zur Verfügung. Dies sind die

1. Adspektion (optische Überprüfung),
2. Palpation (Untersuchung durch Abtasten) und
3. Auskultation (Erfassen von Körpergeräuschen).

Trägt der Hund eine Warn- oder Schutzweste, muss diese unbedingt entfernt werden, da sie die Untersuchung behindert. Dabei sollte die Weste auf Beschädigungen oder Blutspuren überprüft werden. Finden sich solche, müssen die Körperteile, die von dieser Stelle der Weste bedeckt wurden, besonders gründlich inspiziert werden.

EIGENSCHUTZ HAT VORRANG!

Nicht immer ist der eigene Hund verletzt – gar nicht selten muss auch fremden Hunden Erste Hilfe geleistet werden. Hier ist der Grundsatz „Eigenschutz hat Vorrang vor Erster Hilfe" zu beachten. Sollte sich der verletzte Hund der Untersuchung widersetzen oder abwehrbereites Verhalten zeigen, sollte auf die Untersuchung verzichtet und wenn möglich der Hundehalter hinzuge-

Der Jagdeinsatz ist zu Ende. Die Weste wird ausgezogen und der Hund anschließend untersucht.

rufen werden. Eigenschutz hat immer Vorrang! Ein Hund der sich noch sehr stark wehren kann, wird in aller Regel nicht sofort versterben.

ALLGEMEINVERHALTEN

Bei der Untersuchung des Allgemeinverhaltens werden der Bewusstseinszustand, die Sinneswahrnehmungen sowie die Bewegungsabläufe des Hundes adspektorisch beurteilt. Wichtige Punkte hierbei sind die Ansprechbarkeit des Hundes, sein Orientierungsvermögen und seine Reaktionen auf optische und akustische Reize. Der gesunde Hund ist ruhig, nimmt aufmerksam an der Umgebung teil und zeigt ein normales Bewegungsmuster. Abweichungen von der Norm werden meist intuitiv erkannt.

AUFFÄLLIGKEITEN

Häufig beobachtete Symptome bei schwerer verletzten Hunden sind eine Teilnahmslosigkeit bis hin zur Bewusstlosigkeit, unkoordinierte Bewegungen und/oder Krämpfe.
Auch diese Veränderungen lassen sich sehr einfach erfassen.
Die Adspektion der Augen und insbesondere der Pupillen sind ein wichtiger Aspekt, der sehr viele Informationen über den Patienten geben kann. Einfach zu testen sind zwei Reflexe.

Drohreflex Er wird eingesetzt, um das Sehvermögen zu überprüfen. Mit der Hand wird eine schnelle Bewegung auf den Kopf des Hundes zu ausgeführt: Im positiven Fall kommt es als Reaktion zum Schließen der Lider oder zu Abwehrbewegungen. Der Test kann auch für jedes Auge einzeln durchgeführt werden. Wichtig dabei ist, dass kein starker Luftzug bei der Bewegung entsteht oder die Tasthaare berührt werden, da dies das Untersuchungsergebnis verfälschen würde.

Pupillenreflex Dieser Reflex hat die Aufgabe, die Pupillenweite den jeweiligen Lichtverhältnissen anzupassen. Bei starkem Lichteinfall werden die Pupillen eng gestellt und bei Dunkelheit weit. Den Reflex zu überprüfen, ist sehr einfach. Wird ein Auge mit einer Lichtquelle beleuchtet, müssen sich sowohl die Pupille des beleuchtenden Auges als auch die Pupille des anderen Auges verengen (konsensuelle Pupillenreaktion). Werden die Augen abgedunkelt, sollten sich beide Pupillen erweitern.

SYMPTOME UND MÖGLICHE URSACHEN

Sehr weite Pupillen (Mydriasis), die unter Umständen auch nicht auf Lichteinfall reagieren, können ein Anzeichen für starke Schmerzen und/oder Angstzustände oder gar den Hirntod des Hundes sein. Werden bei einem verletzten und/oder bewusstlosen Hund deutlich unterschiedlich große Pupillen (Anisokorie) beobachtet, liegt sehr vermutlich ein Schädel-Hirn-Trauma vor. Gleiches gilt für ein krankhaftes Augenzittern (pathologischer Nystagmus). Dieses Augenzittern kann horizontal, vertikal, rotierend oder in Mischformen auftreten.

Überprüfung des Sehvermögens mittels Drohreflex: Der Hund schließt die Lider, reagiert also normal.

KÖRPERHALTUNG

Ebenso wie Veränderungen des Allgemeinverhaltens werden Veränderungen der Körperhaltung in der Regel unbewusst wahrgenommen. Die Kopf-, Körper- und Rutenhaltung sowie die Belastung der Gliedmaßen werden ebenfalls adspektorisch, also mit den Augen beurteilt.

SYMPTOME UND MÖGLICHE URSACHEN

Der gesunde Hund belastet alle vier Gliedmaßen im Stand und in der Bewegung gleichmäßig, Kopf und Rute werden frei bewegt und in rassetypischer Position gehalten. Verletzungen der Gliedmaßen können zu Lahmheiten führen, die meist leicht zu erkennen sind. Ein aufgekrümmter Rücken ist häufig die Folge von Schmerzen im Bauchraum oder im Bereich der Wirbelsäule. Wird der Kopf tief gehalten und kaum seitlich oder nach oben bewegt, können Verletzungen im Halsbereich vorliegen. Werden Kopf, Hals und Vordergliedmaßen normal bewegt, während die Hintergliedmaßen schlaff gelähmt erscheinen, liegen dafür häufig Verletzungen der Brust oder Lendenwirbelsäule wie beispielsweise Bandscheibenvorfälle zugrunde.

HERZSCHLAG UND PULSFREQUENZ

HERZSPITZENSTOSS ERTASTEN

Der Herzschlag eines Hundes wird geprüft, indem eine Hand flach hinter dessen Ellenbogen auf die Rippen gelegt wird. Zu fühlen

Zeigt diese Steirische Rauhaarbracke die für sie übliche Körperhaltung?

ist hier der so genannte „Herzspitzenstoß“. Physiologischerweise ist dieser links kräftiger zu spüren als rechts und bei Hunden mit einem schmalen Brustkorb deutlich einfacher als bei solchen mit einem tonnenförmigen Brustkorb. Die physiologische Ruheherzfrequenz beträgt je nach Größe und Trainingszustand des Hundes 70 bis 100 Schläge pro Minute. Je kleiner der Hund, desto höher ist üblicherweise die Ruhefrequenz. Ein gut trainierter Deutsch Drahthaar kann aber auch eine Herzfrequenz von 50 bis 60 Schläge pro Minute aufweisen, ohne dass dies besorgniserregend sein muss. Neben der Frequenz kann auch auf Intensität, Gleichmäßigkeit und Rhythmus geachtet werden.

HERZSCHLAG ABHÖREN

Alternativ zum Tasten des Herzspitzenstoßes kann der Herzschlag abgehorcht werden. Hierzu wird ein Ohr über dem Herzen auf den Brustkorb des Hundes gelegt. Diese Methode bietet sich vor allem bei Hunden mit einem tonnenförmigen Brustkorb an, deren Herzschlag grundsätzlich schwer zu ertasten ist, oder wenn der Herzspitzenstoß aus anderen Gründen nicht zu ertasten ist. Wer ein Stethoskop in seiner Erste-Hilfe-Ausrüstung hat, ist hier klar im Vorteil!

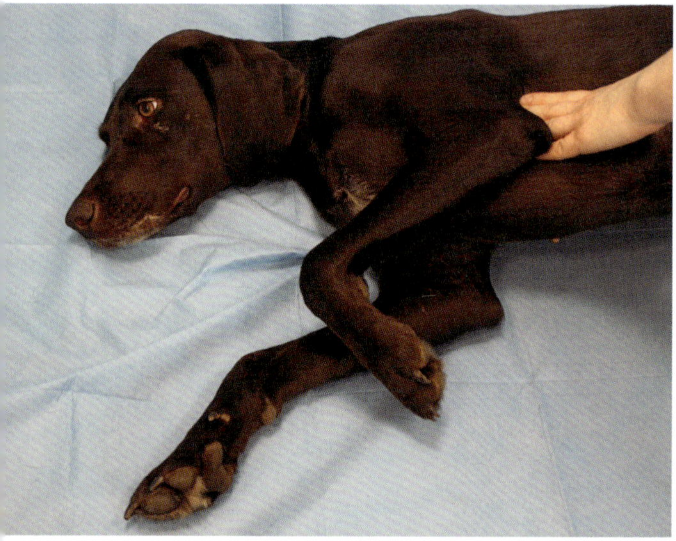

Ertasten des Herzspitzenstoßes an der linken Brustwand.

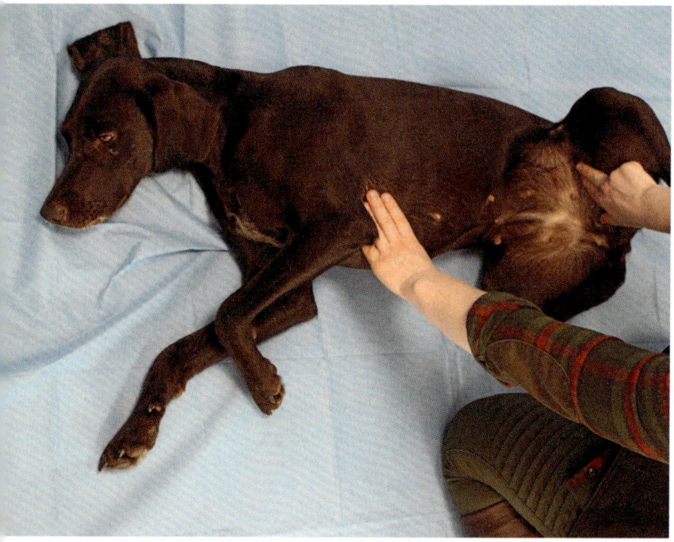

Zeitgleiches Ertasten des Herzspitzenstoßes und des Pulses.

ACHTUNG

Möchte man die Herz- oder Pulsfrequenz ermitteln, müssen nicht zwingend eine Minute lang die Herzschläge/Pulswellen gezählt werden. Es genügt, 15 Sekunden lang zu zählen und den Wert dann mit vier zu multiplizieren!

PULS

Der Puls wird an der Oberschenkelarterie *(Arteria femoralis)* geprüft. Diese Arterie befindet sich mittig an der Innenseite des Oberschenkels. Um den Puls zu prüfen, werden die Fingerkuppen einer Hand vorsichtig auf die Innenseite des Oberschenkels gedrückt, bis Pulswellen zu fühlen sind. Bei zu starkem Druck kann es passieren, dass das Gefäß zu stark komprimiert wird und somit kein Puls ertastet werden kann. Der Puls des Hundes sollte kräftig und regelmäßig sein. Zudem sollten Puls- und Herzfrequenz übereinstimmen. Um das zu prüfen, werden im Idealfall zeitgleich mit einer Hand der Puls an der Femoralarterie und mit der anderen Hand der Herzspitzenstoß getastet.

Ist die Pulsfrequenz niedriger als die Herzfrequenz, liegt ein Pulsdefizit vor, welches tiermedizinisch abzuklären ist. Bei Hunden im Ruhezustand kann der Puls eine atemsynchrone Unregelmäßigkeit aufweisen – dies ist physiologisch, das heißt normal, und kein Grund zur Beunruhigung.

UNREGELMÄSSIGKEITEN

Bei verletzten Hunden ist die Pulswelle oft nur schwach ausgeprägt und somit auch schlechter tastbar, während die Pulsfrequenz zeitgleich häufig erhöht ist. Typische Ursachen hierfür wären ein akuter, stärkerer Blutverlust und/oder ein Volumenmangelschock.

Eine erhöhte Pulsfrequenz in Verbindung mit einem kräftigen Puls ist nicht gleich ein Grund zur Sorge. Das tritt z. B. nach starker körperlicher Anstrengung auf und ist daher beim Jagdhund im und nach dem Einsatz normal! Wenn der Hund nach dem Jagdeinsatz zur Ruhe kommt, sollten sich Herzfrequenz und Pulsfrequenz schnell wieder den physiologischen Frequenzen annähern. Ist die Pulsfrequenz bei einem bewusstlosen Hund stark erniedrigt, liegt der Verdacht eines Schädel-Hirn-Traumas nahe.

ATMUNG

Die Atmung des Hundes wird vernünftigerweise beurteilt, wenn der Vierbeiner keine Warn- oder Schutzweste trägt bzw. nachdem ihm die Weste entfernt wurde. Unter Umständen ist es hilfreich, wenn eine Person den Hund festhält, während die zweite Person die Atmung von schräg hinten adspektorisch beurteilt. Alternativ zur Adspektion kann die flache Hand auf den Hundebrustkorb gelegt werden, um die Atmung zu kontrollieren. Bei beiden Methoden wird auf die Frequenz der Atmung, auf den Atemtyp, auf die Intensität und den Rhythmus der Atmung sowie deren Qualität geachtet.

ATEMFREQUENZ

Die normale Ruheatemfrequenz des Hundes liegt 10 bis 30 Atemzüge pro Minute. Während eines Jagdeinsatzes sowie kurz danach ist sie aber belastungsabhängig genau wie die Herzfrequenz physiologisch erhöht. Nach Beendigung der körperlichen Anstrengung sollte sich die Atemfrequenz allerdings schnell der normalen Ruhefrequenz annähern.
Eine krankhaft erhöhte Atemfrequenz kann sehr unterschiedliche Ursachen haben, u. a. Schmerzen, Traumata des Brustkorbs sowie akute und chronische Herz- und Lungenerkrankungen. Das Hecheln des Hundes dient allerdings der Thermoregulation und ist nicht pathologisch.

Hecheln ist normal – andere Veränderungen der Atmung sind es dagegen nicht.

REINE BAUCHATMUNG

Hunde zeigen in Ruhe einen kostalen Atemtyp, das heißt, bei der Atmung wird überwiegend die Brustwand und weniger die Bauchwand bewegt. Bei starker Anstrengung wird allerdings auch die Bauchwand zur Unterstützung der Atmung hinzugezogen. Eine reine Bauchatmung aber kann z. B. bei schmerzhaften Prozessen und/oder Flüssigkeitsergüssen im Brustkorb sowie bei verlegten Atemwegen beobachtet werden.

VERÄNDERTE ATEMMUSTER

Physiologischerweise dehnt sich der Brustkorb des Hundes beim Einatmen (Inspiration) aus und beim Ausatmen (Exspiration) zieht er sich zusammen. Bei der sogenannten inversen Atmung ist dies umgekehrt. Mögliche Ursachen für eine inverse Atmung sind eine Kehlkopflähmung oder, beim Jagdhund häufiger auftretend, eine Fremdkörperaspiration mit Verlegung der Atemwege.
Bei der sogenannten paradoxen Atmung ist das normale Atemmuster ebenfalls umgekehrt, allerdings liegt hier eine Instabilität der Brustwand durch z. B. Rippenserienfrakturen vor. Im Englischen ist dies auch unter dem Begriff „flail chest" bekannt. Wird einer dieser Atemtypen bei einem Patienten beobachtet, besteht akute Lebensgefahr.
Eine besondere Form der Atmung ist die sogenannte Schnappatmung, sie tritt kurz vor dem Tod auf. Der Hund liegt hierbei meist mit überstreckten Kopf in Seitenlage und zeigt kurze „schnappende" Atemzüge mit langen Atempausen.

Ist die Zunge normalfarben, funktioniert der Gasaustausch beim Atmen.

RHYTHMUS

Bei einem normalen Atemrhythmus dauert das Einatmen etwas weniger lang als das Ausatmen, dazwischen liegt eine kurze Pause. Unbedenkliche Abweichungen vom Atemrhythmus können schon auftreten, wenn der Hund z. B. auf einer Fährte Nasenarbeit leistet oder wenn er abgelenkt wird. Daher sollte der Atemrhythmus immer in Ruhe beurteilt werden.
Atempausen über 15 bis 30 Sekunden sind als krankhaft einzustufen, u. a. können schmerzhafte Prozesse im Brustkorb und/oder Bauchraum zu solchen verlängerten Pausen führen. Eine verlängerte Inspiration wird bei einer erschwerten Einatmung, wie z. B. bei einer Einengung der Atemwege beobachtet und ist damit ein Anzeichen einer inspiratorischen Atemnot (Dyspnoe). Eine Verlängerung des Ausatmens tritt vor allem bei chronischen Lungenerkrankungen auf und ist hier nicht von Belang.

ATEMTIEFE UND GASAUSTAUSCH

Die Qualität oder Atemtiefe der Atmung wird anhand der Bewegung des Rippenbogens beurteilt. Entscheidend dabei ist die Distanz der Rippenbogenstellung zwischen maximaler Inspiration und maximaler Exspiration. Je größer die Distanz ist, umso tiefer ist die Atmung.
In Ruhe ist die Atmung nicht sehr tief und die Bewegungen der Brust- und Bauchwand sind nur gering. Bei körperlicher Anstrengung nimmt die Atemtiefe physiologischerweise kontinuierlich zu, häufig gepaart mit

einem Anstieg der Atemfrequenz. So wird der erhöhte Sauerstoffbedarf durch eine effektive Lungenventilation gedeckt.
Die Atemtiefe allein gibt aber keinen Aufschluss darüber, ob in der Lunge ein ausreichender Gasaustausch stattfindet. Daher muss immer die Farbe der Zunge beziehungsweise der Maulschleimhaut zusammen mit der Atemqualität beurteilt werden. Bei ausreichender Atemtiefe sollten beide rosa sein. Sind Zunge und Maulschleimhäute blau gefärbt, liegt trotz eventuell normaler Atemtiefe eine Sauerstoffunterversorgung vor. Mögliche Ursachen für eine sehr flache Atmung sind z. B. ein Schädel-Hirn-Trauma bei bewusstlosen Patienten oder schmerzhafte Verletzungen des Brustkorbs. Im letzteren Fall versucht der Hund, durch eine schwächere Atembewegung – eine Schonatmung – Schmerzen zu reduzieren. Liegt der schmerzhafte Prozess nur in einer Brustkorbhälfte vor, wird häufig auch eine unterschiedliche Tiefe der Atmung beobachtet. Die gesunde Seite zeigte eine tiefere Atmung als die erkrankte oder verletzte Seite.

ATEMGERÄUSCHE

Bei einem gesunden Hund ist die Ruheatmung kaum zu hören, Ausnahmen hiervon sind kurzköpfige (brachycephale) Rassen wie z. B. Französische Bulldoggen. Ist bei einem verletzten Hund die Atmung deutlich zu hören, liegen häufig Einengungen der Atemwege vor und es ist von einer Atemnot auszugehen. Typische Ursachen wären z. B. Bissverletzungen im Bereich der Nase, des Fangs oder des Kehlkopfes sowie Fremdkörper in den Atemwegen.

ACHTUNG

Zur Prüfung der Atemfrequenz müssen auch die Atemzüge nicht zwingend eine Minute lang gezählt werden – 15 Sekunden mal vier genügt hier ebenfalls!

SCHLEIMHAUT, KAPILLÄRE FÜLLUNG

SCHLEIMHAUTFARBE

Die Schleimhäute werden bevorzugt anhand der Maulschleimhaut beurteilt. Eine normale Schleimhaut ist rosa und feucht. Bei akut verletzten Hunden sind u. a. sehr blasse oder sogar fast weiße Schleimhäute – mit unter Umständen nicht messbarer kapillärer Rückfüllzeit (s. u.) – Anzeichen für einen akuten Blutverlust und/oder einen Volumenmangelschock. Blaue (zyanotische) oder blassblaue Schleimhäute sind ein Hinweis auf Kreislaufversagen mit einer unzureichenden Sauerstoffversorgung des Gewebes.

KAPILLARFÜLLUNGSZEIT

Die kapilläre Rückfüllungszeit oder Kapillarfüllungszeit (KFZ) ist ein sehr einfach und schnell zu überprüfender Parameter, der Auskunft über die periphere Durchblutung gibt. Mit Hilfe der kapillären Rückfüllungszeit kann in Notfallsituationen schnell eine Abschätzung über den Kreislauf und den Flüssigkeitshaushalt des Patienten getroffen werden. Dies gilt insbesondere

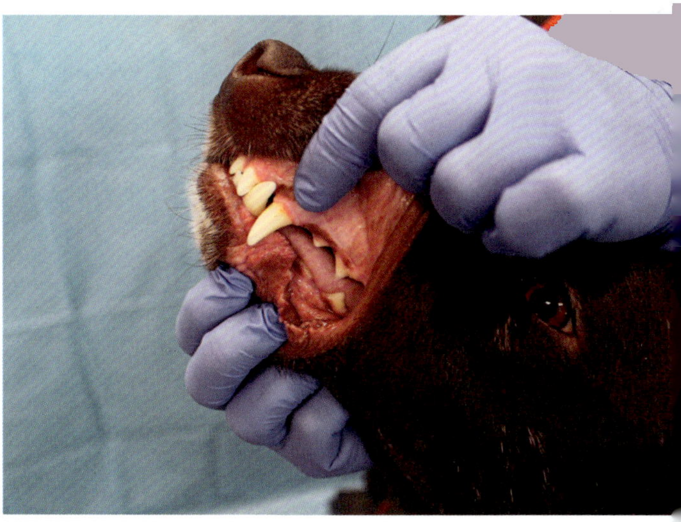

Überprüfung der Kapillarfüllungszeit und der Farbe der Maulschleimhaut.

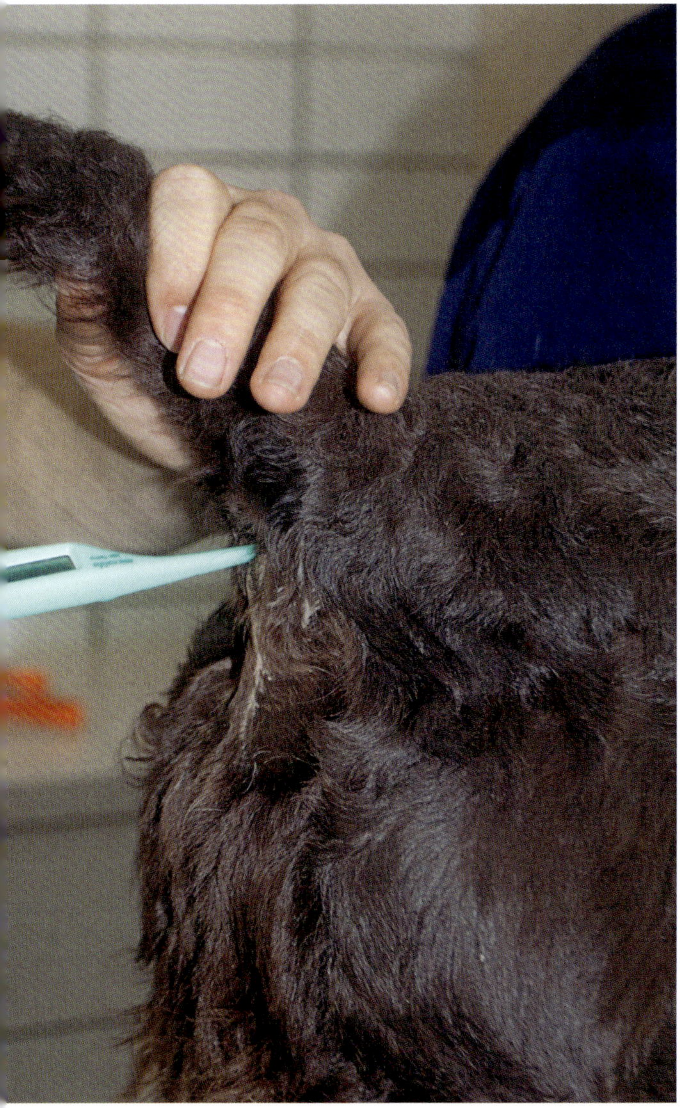

Messung der Körpertemperatur. Wissen muss man, dass Hunde eine höhere Normaltemperatur haben als Menschen.

dann, wenn man weitere Untersuchungsparameter wie die Farbe der Schleimhäute, Körpertemperatur, Pulsfrequenz und Pulsqualität sowie den Hautturgor (s. u.) mit in die Beurteilung einbezieht.
Überprüft wird die kapilläre Rückfüllungszeit, indem an einer unpigmentierten Stelle der Maulschleimhaut kurz mit einem Finger Druck aufbaut wird, bis diese eine weiße Farbe annimmt. Die weiße Farbe entsteht, weil durch die Kompression das Blut aus den kleinen Gefäßen gepresst wird.
Anschließend wird der Finger wieder entfernt und die Zeit bestimmt, die die Schleimhaut braucht, um wieder die ursprüngliche Farbe anzunehmen.
Kann der Test nicht an der Maulschleimhaut vorgenommen werden, lässt er sich an der Bindehaut eines Auges oder bei der Hündin an der Schleimhaut der Vulva beziehungsweise beim Rüden an der Vorhaut (Präputium) durchführen.
Die kapilläre Rückfüllzeit sollte unter zwei Sekunden betragen. Übersteigt sie diesen Wert, liegt bei dem Hund eine Durchblutungsstörung vor. Ursachen dieser Störung können z. B. ein Blutverlust und/oder ein Volumenmangelschock sein.

KÖRPERTEMPERATUR

Die Körpertemperatur wird am genauesten rektal, also im Weidloch des Hundes, mithilfe eines Thermometers bestimmt. Ohrthermometer aus der Humanmedizin eignen sich nicht für den Einsatz bei Hunden.
Die Normaltemperatur eines Hundes liegt zwischen 37,5 und 39,0 °C, kann aber nach hoher körperlicher Aktivität auch höhere Werte erreichen. Beträgt die Temperatur über 41 °C, besteht der Verdacht einer sogenannten Hyperthermie (s. Abschnitt „Hitzschlag", S. 118).
Wenn kein Fieberthermometer zur Verfügung steht, kann die Körpertemperatur behelfsmäßig mit den Händen überprüft werden. Dazu legt man den Handrücken auf verschiedene Stellen des Rumpfes und umfasst die Gliedmaßen mit der anderen Hand. Zum einen können so die Körpertemperatur geschätzt und Temperaturunterschiede zwischen dem Rumpf und rumpfferne Körperteile, den sogenannten Akren, festgestellt werden.
Bei Durchblutungsstörungen oder bei vielen

Schockformen sind die Gliedmaßen deutlich kühler als der Rumpf. Die gefühlte Temperatur gibt einen Hinweis auf eine eventuell veränderte Körpertemperatur, ist aber nicht beweisend. Wirklich aussagekräftig ist nur die rektal gemessene Körpertemperatur.

WEITERE UNTERSUCHUNGSSCHRITTE

HAUTELASTIZITÄT

Die Elastizität der Haut spiegelt den Flüssigkeitshaushalt des Körpers wieder. Zur Überprüfung der Hautspannung (Hautturgor) wird eine Hautfalte im Rücken- und oder Nackenbereich hochgezogen. Diese Hautfalte sollte sofort verstreichen. Geschieht dies nicht, ist der Wassergehalt der Haut erniedrigt. Eine ganze Reihe unterschiedlicher Ursachen dafür sind möglich, wie z. B. Durchfallerkrankungen, Erbrechen oder Störungen des Elektrolythaushaltes. Aber eben auch akute Kreislaufstörungen, wie sie bei verletzten und/oder erschöpften Jagdhunden auftreten können.

ABTASTEN DES KÖRPERS

Der gesamte Körper sollte auch einmal abgetastet werden. Am Rumpf macht man dies am besten mit beiden Händen vergleichend rechts und links gleichzeitig. So fallen auch kleinere Veränderungen schnell und sicher auf. Die Gliedmaßen werden einzeln mit den Händen abgetastet.

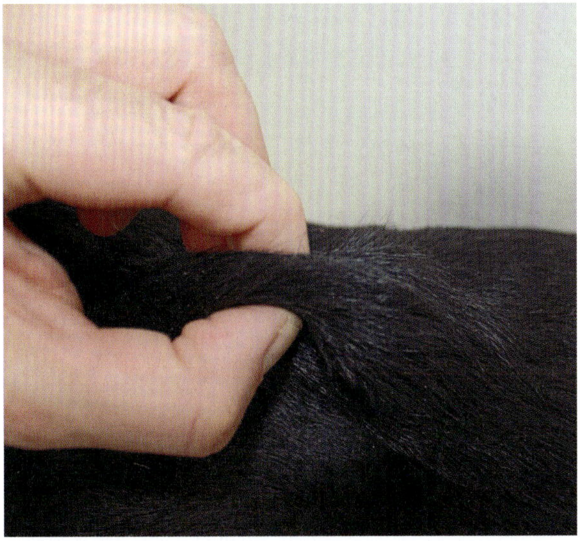

01

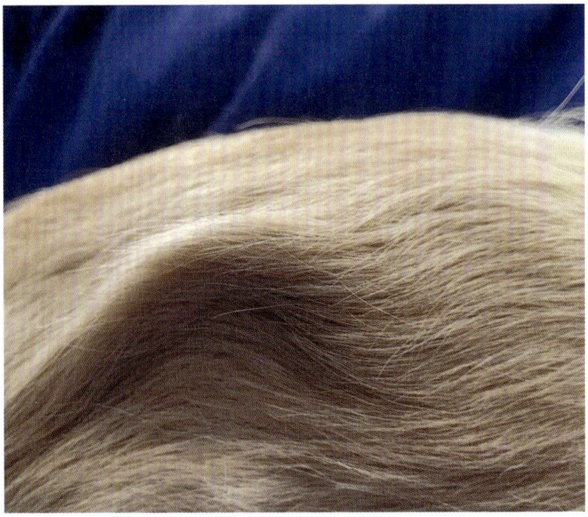

02

01 Überprüfung der Hautelastizität: Eine Hautfalte wird hochgezogen.

02 Bleibt die Hautfalte länger stehen, ist der Hund dehydriert.

ACHTUNG

Beim Abtasten des Hundes ist es wichtig, auch jeweils einen Blick in die Achselhöhlen und den Innenschenkelbereich des Hundes zu werfen. Hier liegen häufig unscheinbare Stichverletzungen durch Schwarzwild vor, die gern übersehen werden. Außerdem müssen auch der Fang, die Behänge, die äußeren Gehörgänge sowie die Pfoten auf eventuelle Verletzungen und/oder Fremdkörper kontrolliert werden.

☞ PHYSIOLOGISCHE PARAMETER (RUHEZUSTAND HUND), ABWEICHUNGEN UND INTERPRETATION

PARAMETER	BEURTEILUNG/BEFUND	BEDEUTUNG
Herzschlag-frequenz	70 bis 100 Schläge pro Minute (große Rassen)	Normalbefund
	100–120 Schläge pro Minute (kleine Rassen)	Normalbefund
	Frequenz erhöht	siehe Puls
	Frequenz erniedrigt	siehe Puls
	kein Herzschlag tastbar	Herzstillstand
Puls	kräftig und herzschlagsynchron	Normalbefund
	pochend, Frequenz erhöht	körperliche Anstrengung, Fieber, Schmerzen, beginnender Schock (kompensatorische Phase)
	schwach, Frequenz erhöht	Blutdruckabfall, Blutverlust, Schock, (dekompensatorische Phase)
	schwach, Frequenz erniedrigt	Schock, Schädel-Hirn-Trauma
	kein Puls tastbar	Herzstillstand
Atemfrequenz	10–30 Atemzüge pro Minute	Normalbefund

PARAMETER	BEURTEILUNG/BEFUND	BEDEUTUNG
Atemtyp	kostale Atmung	Normalbefund
	kostoabdominale Atmung	körperliche Anstrengung
	abdominale Atmung	Schmerz, Flüssigkeitsergüsse im Brustkorb, verlegte Atemwege
	paradoxe Atmung	Instabilität der Brustwand
	inverse Atmung	Verlegung der Atemwege
	Schnappatmung	beginnender Eintritt des Todes (Agonie)
	Schonatmung	schmerzhaftes Geschehen am/im Brustkorb
Körpertemperatur	37,5–39,0 °C	Normalbefund
	über 39,0 °C	Hyperthermie/Fieber
	unter 37,5 °C	Hypothermie/Unterkühlung, Schock
Kapillare Rückfüllzeit	unter 2 Sekunden	Normalbefund
	über 2 Sekunden	Schock (dekompensatorische Phase), Durchblutungsstörung
Schleimhautfarbe	hellrosa	Normalbefund
	blass/weiß	Blutvolumenverlust, Hypovolämischer Schock
	bläulich/zyanotisch	verminderter Sauerstofftransport/ Hypoxie

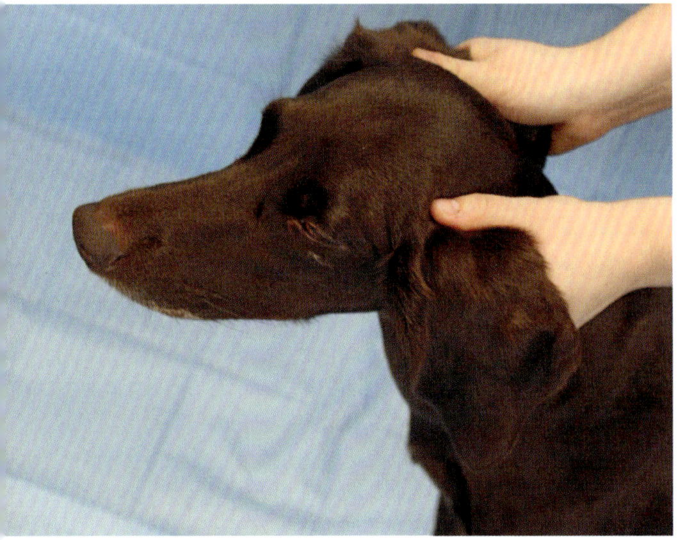

Fixation des Kopfes bei einem wehrhaften Hund.

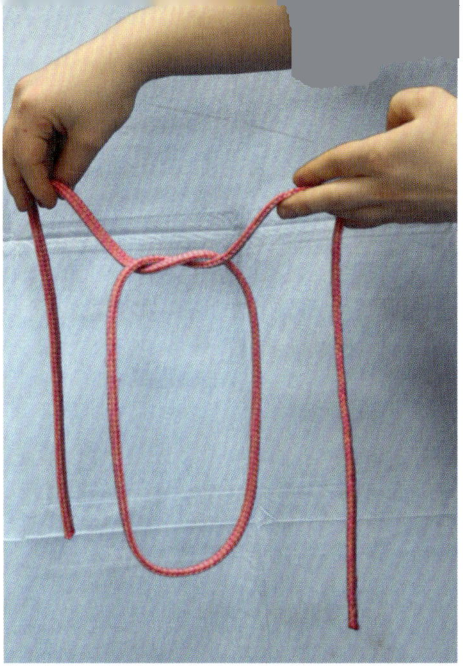

Anlegen einer Maulschlinge: Schlaufe legen …

FIXATION DES VERLETZTEN HUNDES

Wenn erkannt wurde, dass ein Hund Hilfe benötigt und versorgt werden muss, gilt es, das Tier sofort zu sichern. Es gibt verschiedene Techniken, Maßnahmen und Hilfsmittel, die hier zum Einsatz kommen können. Dabei ist es wichtig, mit gebotener Vorsicht zu agieren, denn jeder Hund kann unter Schmerzen unerwartet Panik- und/oder Abwehrreaktionen zeigen.

Allgemein gilt – das kann nicht oft genug betont werden: Ist es nicht möglich, einen Hund zuverlässig zu fixieren oder zu sichern, so geht die eigene Sicherheit vor! In den allermeisten Fällen trägt der Jagdhund eine Signalhalsung und/oder eine Signal- oder Schutzweste, die idealerweise mit der Telefonnummer einer Bezugsperson gut leserlich versehen ist, sodass im Ernstfall der Hundeführer/-halter zur Fixierung und weiteren Untersuchung zu Hilfe gerufen werden kann.

MAULSCHLINGE – AUSSCHLUSSFÄLLE

Bei Bewusstlosigkeit, Schock, Herz-Kreislauf-Beschwerden, Atemnot, Verletzungen und/oder Blutungen im Fang- und Nasenbereich, Fremdkörper im Fang sowie Erbrechen muss auf eine Maulschlinge verzichtet werden. Sie auch dann anzulegen, ginge mit Erstickungsgefahr für den Hund einher bzw. könnte zu einer Verschlechterung der klinischen Symptome führen.

Auch bei sehr hoher Abwehrbereitschaft des Hundes muss zur eigenen Sicherheit auf das Anlegen einer Maulschlaufe verzichtet werden – und dann eben auch auf die weitere Untersuchung bzw. Versorgung. Sonst gibt es allzu schnell auch einen zweibeinigen Verletzten!

FIXIEREN/SICHERN

Seil oder Zugstoppleine Im Idealfall hat man ein Seil oder sogar eine Zugstoppleine dabei. Beides passt in jede Jackentasche. Seil oder Leine haben eine vorgefertigte Schlinge, die über den Kopf des noch lauffähigen Hundes gelegt und anschließend bis zu einem Stopppunkt zugezogen wird. Zur weiteren Untersuchung kann der Hund nun beispielsweise an einen Baum angebunden oder aber zur weiteren ärztlichen Versorgung mitgenommen werden.

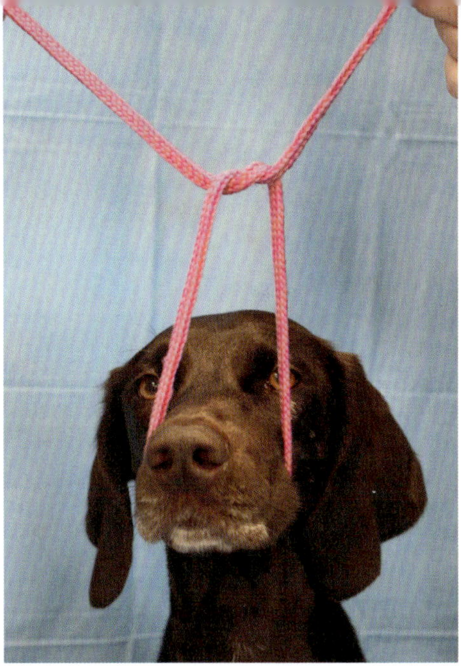

... Schlaufe über den Fang führen ...

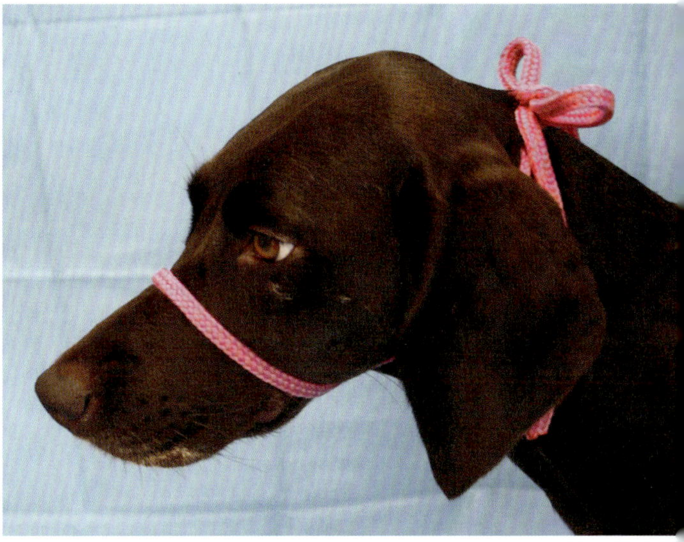

... beide Seilenden im Nacken zusammenbinden – fertig!

Maulschlinge Zeigt der Hund Aggressionsverhalten wie Knurren, Bellen oder Zähnefletschen gegenüber dem Ersthelfer, kann eine Maulschlinge aus einer Mullbinde oder Ähnlichem angelegt werden.
Entschließt man sich jedoch dazu, eine Maulschlaufe anzulegen, empfiehlt es sich, hierzu eine zweite Person um Hilfe zu bitten. Wie die einzelnen Schritte erfolgen, zeigt die Fotostrecke auf dieser Doppelseite.
Das Anziehen der Maulschlaufe muss mit Gefühl erfolgen. Ist sie zu fest angezogen, kann sie selbst zu Verletzungen führen, ist sie zu locker, erfüllt sie ihren Zweck nicht. Zudem muss der Hund nach dem Anlegen der Maulschlinge ständig überwacht werden, um lebensbedrohliche Situationen rechtzeitig zu erkennen.
Ist gar ein passender Maulkorb verfügbar, ist der immer besser als eine Maulschlinge: Er beeinträchtigt die Atmung weniger und verursacht keine zusätzlichen Schmerzen.

SEITENLAGE

Manche Situationen erfordern die Untersuchung und/oder die Versorgung des Hundes in Seitenlage. Der Hund sollte vorher kurz auf größere Verletzungen am Rumpf und den Gliedmaßen untersucht werden. Dies dient dazu zu entscheiden, auf welche Seite der Hund gelegt wird und wo der Hund angefasst werden kann, ohne in Wunden zu greifen oder dem Hund unnötige Schmerzen zu bereiten. In der Regel sollten verletzte Gliedmaßen und/oder die verletzte Rumpfseite oben zu liegen kommen. Es ist hilfreich, wenn hierzu zwei Personen zur Verfügung stehen. Eine Person steht seitlich vom Hund und zieht das von ihm abgewandte Vorder- und Hinterbein zu sich. Die zweite Person steht ebenfalls seitlich zum Hund, allerdings auf der gegenüberliegenden Seite und fängt den Kopf sowie den Körper des Hundes auf, damit dieser nicht ungebremst zu Boden fällt. Zur weiteren Versorgung hält nun die zweite Person das untere Vorder- und Hinterbein fest und kann bei Bedarf mit den Unterarmen zeitgleich Hals und Rumpf fixieren. Nun kann der Hund untersucht und/oder versorgt werden. Wichtig hierbei ist, dass ein ebener Untergrund ohne spitze Gegenstände ausgewählt und/oder eine Decke auf den Boden zum Schutz des Hundes ausgebreitet wird.

☞ AUFFINDEN EINES VERLETZTEN HUNDES

Auf eigene Sicherheit achten! Wenn möglich andere Hundeführer/Jäger um Hilfe bitten.

Bewusstsein erhalten → nein → Herzschlag und Atmung vorhanden →
ja ↓ ← ja

Sind starke Blutungen vorhanden → ja → sofortige Blutstillung →
nein ↓

Normale Atmung vorhanden → nein → Atemwege kontrollieren, Brustkorb untersuchen, ggf. Beatmung beginnen →
ja ↓

weitere Untersuchung des Patienten, Hundeführer (falls nicht der eigene Hund) informieren, ggf. Jagdleitung informieren
↓

Ist eine schwere Schocksymptomatik vorhanden → ja → Schocktherapie einleiten →
nein ↓

Sind kleinere Blutungen/Wunden vorhanden → ja → Blutungen stillen, Wunden untersuchen und versorgen →
nein ↓

Sind Verletzungen der Augen erkennbar → ja → auf Augenerkrankungen spezialisierte tiermedizinische Praxis/Klinik aufsuchen
nein ↓

Sind Lahmheiten vorhanden → ja → betreffende Gliedmaße(n) untersuchen →
nein ↓ ← nein

Hund erneut gründlich untersuchen → bei Bedenken oder unklaren Befunden →

→ nein → Atemwege kontrollieren und Reanimation/Beatmung beginnen, ggf. lebensbedrohende Ursachen beseitigen

schnellstmöglich tiermedizinische Praxis/Klinik aufsuchen

den Notfall unbedingt telefonisch ankündigen

tiermedizinische Praxis/ Klinik aufsuchen

den Notfall telefonisch ankündigen

→ abnorme Beweglichkeit, Krepitation → ja

ERSTE-HILFE-AUSRÜSTUNG

VORÜBERLEGUNGEN

Neben dem Wissen benötigt man für eine erfolgreiche Erste Hilfe auch ein Mindestmaß an Ausrüstungsgegenständen. Die nachfolgende Liste soll nur als Empfehlung für ein solches Erste-Hilfe-Set verstanden werden, das einen weiten Bereich der üblicherweise auftretenden Notfälle abdeckt. Einige der aufgeführten Gegenstände, wie z. B. das Stethoskop, gehen über das normale Maß hinaus, sind aber trotzdem eine lohnenswerte Anschaffung.

BEDENKEN: PLATZ UND GEWICHT

Dabei muss bedacht werden, dass die gesamte Erste-Hilfe-Ausrüstung Raum beansprucht und je nach Umfang auch ein nicht unerhebliches Gewicht aufweist. Für den Hundeführer, der seinen Hund vom Stand schnallt, ist dies weniger von Bedeutung als für den durchgehenden Hundeführer, der schon mit der eigenen Schutzkleidung, Kommunikationsausrüstung sowie Waffen belastet ist. Wichtig ist, dass man sich mit den Ausrüstungsgegenständen vertraut macht und sie auch zu Übungszwecken versuchsweise einsetzt. Dabei wird man schnell feststellen, dass sich z. B. preisgünstiges Verbandsmaterial, wie es üblicherweise in Verbandskästen eingesetzt wird, schlecht wickeln lässt und schnell reißt. Hier ist die Investition in qualitativ etwas höherwertiges Verbandsmaterial sicher sinnvoll.
Zu Beginn des Jagdjahres sollte auch der Bestand der Ausrüstung überprüft, abgelaufenes Material ausgetauscht sowie fehlende Gegenstände ersetzt werden. Besser ist es jedoch, das Erste-Hilfe-Repertoire direkt nach jedem Einsatz wieder aufzufüllen. Eine Liste, die alle Gegenstände auch mit der benötigen Anzahl aufführt, ist hierbei hilfreich.

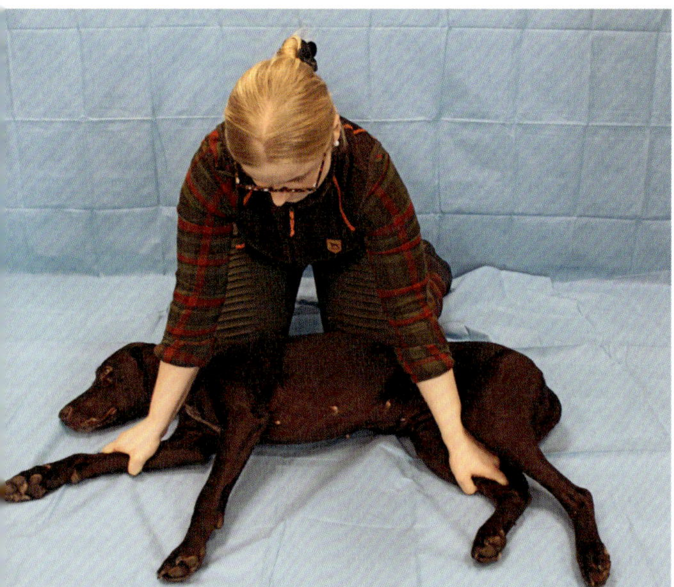

Fixation des Hundes in Seitenlage. Unruhigen Hunden werden die Unterarme auf Hals und Rumpf gepresst.

AUSRÜSTUNGS-GEGENSTÄNDE

In der Checkliste sind die Gegenstände bzw. Materialien aufgeführt, die ein Erste-Hilfe-Set für Jagdhunde enthalten sollte.

ARTERIENKLEMMEN UND TOURNIQUET

Arterienklemmen und das Tourniquet werden zur Stillung größerer Blutungen eingesetzt (s. „Traumatisch bedingte Blutungen“,

S. 50 ff.). Diese Ausrüstungsgegenstände sind sowohl leicht als auch klein und lassen sich deswegen immer gut mitführen. Sie sind gerade für durchgehende Hundeführer sehr sinnvolle Dinge, die im Ernstfall wirklich Hundeleben retten können.

EINMALHANDSCHUHE

Wunden, die durch einen jagdlichen Unfall entstanden sind, gelten per se als kontaminiert. Trotzdem ist der Einsatz von sauberen oder sterilen Einmalhandschuhen sinnvoll. Ihr Gebrauch minimiert das Risiko einer weiteren Übertragung von Infektionserregern von Mensch zu Hund oder von Hund zu Mensch.

VERBANDSMATERIAL

Sterile Wundauflagen, Tupfer, Polsterwatte, sterile Mullbinden, elastische Binden, Pflaster und Verbandsschere sind Bestandteil des klassischen Erste-Hilfe-Kastens. Sie eignen sich gut, um unterschiedliche Verbände anzulegen.

Dazu zählen z. B. Schutzverbände, mit denen kleinere Wunden temporär vor weiterer Kontamination und Verletzung geschützt werden, Druckverbände bei Blutungen und Stützverbände bei Frakturen der Gliedmaßen.

Tupfer, Mullbinden und elastische Binden gibt es in unterschiedlichen Größen, sie sollten immer auf die Hundegröße sowie die Vorlieben des Hundeführers abgestimmt werden. Hier ist es sehr hilfreich, wenn man das Anlegen eines Verbands mehrfach mit unterschiedlichen Binden übt, bis man das für sich geeignete Material gefunden hat. Meist wird die benötige Menge an Material für einen ordnungsgemäß angelegten Verband unterschätzt. Dies bedeutet im Umkehrschluss, dass für den durchgehenden Hundeführer nur die Mitnahme von Material für einen kleinen Verband beziehungsweise für einen Druckverband sinnvoll ist. Das übrige Verbandsmaterial kann z. B. im Fahrzeug gelagert werden.

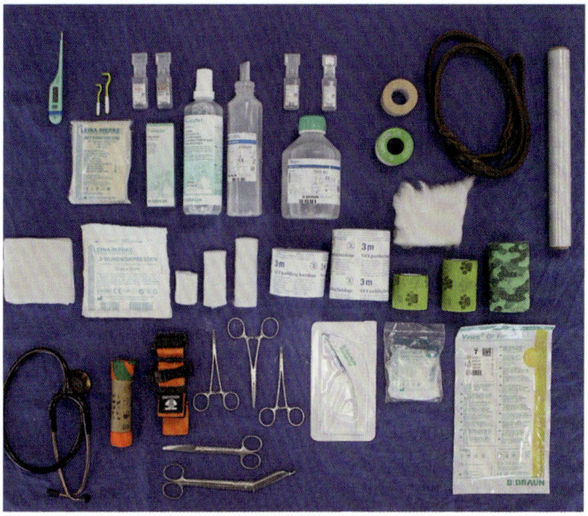

Den Umfang der Erste-Hilfe-Ausrüstung für Hunde bestimmen auch deren Platzbedarf und Gewicht.

Das gehört ins Erste-Hilfe-Set

- ☐ Arterienklemmen (gerade und gebogen, unterschiedliche Größen)
- ☐ Tourniquet
- ☐ Einmalhandschuhe (unsteril/steril)
- ☐ Sterile Wundauflage(n)
- ☐ Tupfer
- ☐ Polsterwatte
- ☐ Rollenpflaster
- ☐ Sterile Mullbinde(n)
- ☐ Elastische Binde(n)
- ☐ Rollenpflaster
- ☐ Verbandsschere
- ☐ Frischhaltefolie
- ☐ Sterile Spüllösung zur Wundreinigung
- ☐ Desinfektionsmittel
- ☐ Rettungsdecke
- ☐ Decke/Trage zum Transport verletzter Hunde
- ☐ Zuckerlösung
- ☐ Zugstoppleine/Strick
- ☐ Kleine Taschenlampe
- ☐ Pinzette
- ☐ Hautklammergerät
- ☐ Thermometer
- ☐ Zeckenzange

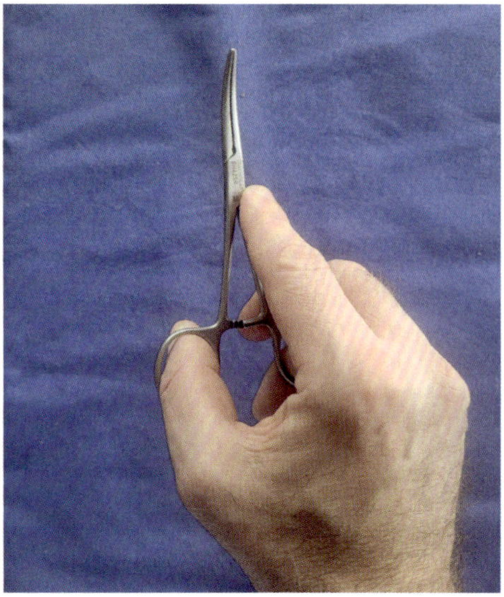

Eine Arterienklemme ist klein, leicht und nützlich.

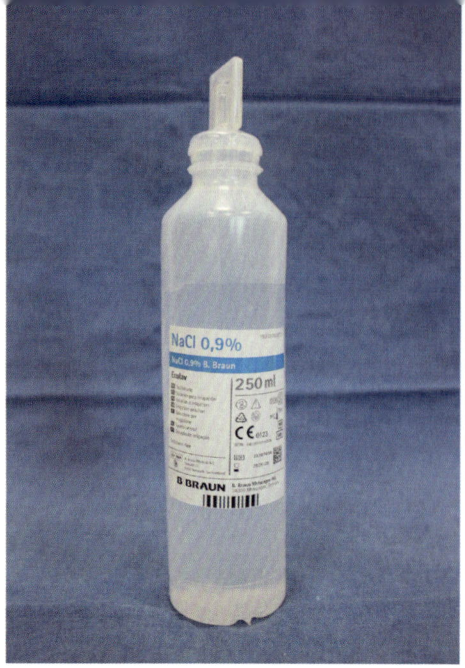

Isotone (0,9%ige) Kochsalzlösung. Dank kleiner Flaschenöffnung kann mit Druck gespült werden.

FRISCHHALTEFOLIE

Eine Alternative zu den oben genannten Verbandsmaterialien ist Frischhaltefolie. Insbesondere wenn es um Verletzungen des Brustkorbs oder des Bauchraums geht, ist das Anlegen eines Verbands mit den herkömmlichen Materialien zeitaufwendig und nicht immer einfach. Mit der Frischhaltefolie von der Rolle gelingt dies einfacher und schneller. Dies hängt damit zusammen, dass die Rollen breiter sind als herkömmliches Verbandsmaterial, die Folie selbsthaftend ist und somit schnell eine hohe Stabilität beim Wickeln des Rumpfes gewährleistet ist.
Ein weiterer Vorteil ist der günstige Preis gegenüber herkömmlichem Verbandsmaterial. Wichtig ist, die Rolle regelmäßig auf ihre Funktionsfähigkeit zu überprüfen. Hat die Frischhaltefolie über die Jagdsaison hinaus im Auto gelegen, lässt sie sich infolge von Temperaturschwankungen unter Umständen nicht mehr von der Rolle abwickeln.

WUNDREINIGUNG

Zum Reinigen (sterile Spüllösung) und Desinfizieren (Desinfektionsmittel) von Wunden können verschiedene Mittel zum Einsatz kommen. Dazu zählen u. a. physiologische Kochsalzlösung, Ringer-Lösung, jod- oder alkoholhaltige Lösungen sowie spezielle Wundspüllösungen (z. B. Prontovet® oder Octenisept®). Bis auf die beiden erstgenannten Flüssigkeiten sollten die anderen Spüllösungen nur oberflächlich eingesetzt werden. Hierzu empfiehlt es sich immer, einen Blick in die betreffende Produktinformation zu werfen. Bei der Auswahl dieser Lösungen sollte darauf geachtet werden, dass sie reiz- und schmerzlos sowie haut- und schleimhautverträglich sind.
Ein weiterer wichtiger Punkt ist die Temperatur der Spülflüssigkeiten. Sie sollten, wenn möglich, körperwarm sein. Dies ist für den Patienten angenehmer und verhindert eine zusätzliche Auskühlung.

RETTUNGSDECKE

Die Rettungsdecke soll in erster Linie die Auskühlung des Patienten verhindern.
Dies geschieht auf unterschiedlichen Wegen. Zum einen werden die Verdampfungskühlung sowie die Wärmeübertragung vermindert, zum anderen wird die vom Körper abgegebene Wärmestrahlung reflektiert.

Darüber hinaus kann die Rettungsdecke als saubere Unterlage bei der Versorgung des Hundes verwendet werden.

TRANSPORTDECKE ODER TRAGE

Eine Decke oder besser noch eine Trage wird für den Transport nicht gehfähiger Hunde benötigt. Eine normale Decke liegt wahrscheinlich in den meisten Hundeführerautos, eine Trage allerdings nicht. Die Trage hat gegenüber der Decke aber den Vorteil, dass die Auflagefläche stabil ist und den Hund beim Anheben und beim Transport besser vor Schmerzen und/oder weiteren Verletzungen schützt. Alternativen zu einer Trage sind die Sitzbretter eines Ansitzbockes und für kleinere Hunde auch die Hutablage aus dem Kofferraum oder eine Wildwanne.

WEITERE AUSRÜSTUNGSGEGENSTÄNDE

Zuckerlösung Im Falle einer Unterzuckerung des Hundes (siehe Teilkapitel „Unterzuckerung", S. 114) kann eine Zuckerlösung oral, sprich in den Fang verabreicht werden. Als Lösungen eignen sich beispielsweise Glukoselösungen, Glukosesirup, Traubenzucker oder Honig.

Zugstoppleine/Strick Eine Stoppleine ist hilfreich bei der Fixation des Hundes. Ein Strick kann gut zum Anlegen einer Maulschlinge verwendet werden.

Taschenlampe Eine kleine Taschenlampe hilft bei der Untersuchung von Verletzungen im Dunklen. Des Weiteren kann mit der Lampe auch der Pupillenreflex überprüft werden.

Pinzette Sowohl um kleinere Fremdkörper zu entfernen als auch eine Wunde vorsichtig zu sondieren, leistet eine Pinzette meist wertvolle Dienste.

Hautklammergerät Ein Hautklammergerät ist für einen temporären Wundverschluss sehr nützlich. So können Wunden an Stellen, an denen ein Verband nicht gut angelegt werden kann, vor weiterer Kontamination und Verletzung geschützt werden.

Thermometer Dieser Temperaturmesser dient der Bestimmung der rektalen Körpertemperatur. Geräte mit einer biegsamen Spitze und einer kurzen Messzeit sind bei Hunden zu bevorzugen.

Stethoskop Mit einem Stethoskop können Körpergeräusche besser gehört sowie Herz und Lunge beurteilt werden. Dieses Gerät besteht in seiner Grundform aus Schalltrichter, Schlauch und Ohrbügel. Für die Erste-Hilfe-Ausrüstung genügt ein günstiges Stethoskop.

Zeckenzange Eine solche Zange ist kein Muss, aber eine nette Ergänzung. Nicht jeder vermag Zecken mit den bloßen Fingern von seinem Hund zu entfernen.

TIPP

In der Humanmedizin wird die Rettungsdecke mittlerweile auch zu ganz anderen Zwecken eingesetzt, u. a. als Tragehilfe oder als improvisiertes Tourniquet. Dies geschieht allerdings meist in einem aufgerollten Zustand der Decke.

Eine Rettungsdecke ist auch im Erste-Hilfe-Set für Hunde sinnvoll.

WIEDERBELEBUNG, BLUTUNGEN UND PERFORATIONEN

REANIMATION

GRUNDLEGENDE ÜBERLEGUNGEN

Tritt ein Atem- und Herz-Kreislauf-Stillstand bei einem Hund auf, müssen sofort Wiederbelebungsmaßnahmen (Reanimation, im Englischen auch „cardiopulmonary resuscitation, CPR") eingeleitet werden: Bei einem Herzstillstand tritt schon nach wenigen Minuten eine Sauerstoffunterversorgung des Gehirns und anderer lebenswichtiger Organe auf, was mit irreversiblen Schäden und dem Tod des Patienten einhergehen kann. Ziel der Wiederbelebungsmaßnahmen ist es, die selbstständige Atem- und Herztätigkeit des Patienten wiederherzustellen.

TRAURIG, ABER WAHR: ERFOLG ZWEIFELHAFT

Die Erfolgsaussichten hängen u. a. auch stark von der Ursache des Herz-Kreislauf-Stillstandes ab. Liegt diesem eine chronische Erkrankung zugrunde und/oder ist der klinische Allgemeinzustand stark reduziert, ist die Wahrscheinlichkeit einer erfolgreichen Reanimation sehr gering, da sich die Ursachen des Atem- und Herz-Kreislauf-Stillstandes nicht ohne Weiteres beheben lassen. Selbst unter optimalen Reanimationsbedingungen, wie sie in einer tierärztlichen Einrichtung gegeben sind (s. Kasten), ist die langfristige Überlebensrate für Patienten bei einem Atem- und Herz-Kreislauf-Stillstand in der Tiermedizin noch deutlich geringer als in der Humanmedizin – sie liegt im einstelligen Prozentbereich. Die Gründe hierfür sind vielfältig, sollen hier jedoch nicht diskutiert werden. Auch wenn das keine guten Nachrichten sind: Es leuchtet sicher ein, dass die Wahrscheinlichkeit einer erfolgreichen Reanimation im Falle eines Atem- und Herz-Kreislauf-Stillstands bei einem verletzten Jagdhund – unter nur suboptimalen Feldbedingungen – nochmals deutlich geringer ist. Übrigens ist aber auch für wiederbelebte Patienten in der Humanmedizin die langfristige Prognose insgesamt schlecht. Trotzdem: Ein Reanimationsversuch sollte beim Hund immer unternommen werden, da dies bei einem Atem- und Herz-Kreislauf-Stillstand die einzige Überlebenschance für das Tier darstellt.

REANIMATIONSBEDINGUNGEN – DER OPTIMALFALL

Unter idealen Bedingungen sind bei einer Reanimation eines Hundes oder anderen Patienten in einer tiermedizinischen Einrichtung mindestens drei, besser vier entsprechend ausgebildete Personen verfügbar. Sie teilen sich die Aufgaben wie Herzdruckmassage, Beatmung des Patienten, Gabe von notwendigen Medikamenten und ständige Evaluierung der durchgeführten Maßnahmen untereinander auf. Dabei ist der Patient intubiert, wird über ein Beatmungsgerät mit Sauerstoff versorgt, hat mindestens einen venösen Zugang für die intravenöse Gabe von Medikamenten und ist an Überwachungsgeräte angeschlossen.

Die Erfolgaussichten der Wiederbelebung von Hunden sind nicht hoch. Und doch ist es immer einen Versuch wert.

ERSTE MASSNAHMEN

Die ersten Maßnahmen sind unabhängig davon, ob es sich bei dem Hund um einen Atem- und Herz-Kreislauf-Stillstand oder „nur" einen Atemstillstand handelt, gleich. Zuerst sollte man unbedingt weitere Personen zu Hilfe herbeirufen, denn ein Reanimationsversuch ohne weitere Ersthelfer ist wenig erfolgversprechend. Offensichtliche, lebensbedrohende Ursachen sollten vor dem Beginn der Reanimation bzw. während der Wiederbelebungsmaßnahmen beseitigt werden. Beispiele hierfür, bei denen dies einfach möglich ist, wären Fremdkörper in den Atemwegen oder sehr starke Blutungen. Sollte ein Stethoskop zur Ersten-Hilfe-Ausrüstung gehören, kann es wertvolle Dienste bei der Diagnosestellung eines Atem- und Herz-Kreislauf-Stillstandes sowie der Überwachung einer Reanimation leisten. Bei einem Patienten mit regelmäßiger Spontanatmung ist auch eine Herztätigkeit vorhanden. Hier würde z. B. eine Herzdruckmassage mehr Schaden als Nutzen bringen.

ATEM- UND HERZ-KREISLAUF-STILLSTAND

EIN-MINUTEN-DIAGNOSE

Wenn man einen nicht ansprechbaren, bewusstlosen Hund findet, muss innerhalb von wenigen Sekunden festgestellt werden, ob eine Reanimation notwendig ist. Dazu überprüft man, ob der Patient auf Manipulationen reagiert, ob Spontanatmung vorhanden ist und ob ein Puls oder ein Herzspitzenstoß getastet werden können. Zusätzlich kann der Pupillenreflex überprüft werden. Bei sehr weiten, nicht reagierenden Pupillen ist die Prognose für die Reanimation verhalten bis schlecht. Reagiert der Patient

Ist er bewusstlos? Muss er reanimiert werden? Die Ein-Minuten-Diagnose gibt Aufschluss. Viel Zeit bleibt nicht …

auf Manipulationen und/oder ist eine regelmäßige Spontanatmung vorhanden, kann eine gründlichere Untersuchung des Patienten durchgeführt werden.

Ist das Ergebnis der Untersuchung jedoch in allen Punkten negativ, wird sofort mit den Reanimationsmaßnahmen begonnen. Dazu sollte der Hund auf einen ebenen, relativ harten Untergrund ohne spitze Gegenstände (Verletzungsgefahr!) gelegt werden. Unter Umständen kann er auch auf eine Jacke gebettet werden, um ihn während der Reanimation vor Unebenheiten im Boden zu schützen. Ist ein Brett – von z. B. einem Ansitzbock – in greifbarer Nähe, kann er auch sehr gut darauf gelegt werden.

LAGERUNG DES HUNDES

Der Kopf des Hundes wird überstreckt, dann seine Zunge hervorgezogen. Die Atemwege sollten kontrolliert und im Bedarfsfall von Blut, Fremdkörpern oder Erbrochenem befreit werden. Wie der Hund für die Herzdruckmassage gelagert wird, bestimmt dessen Körperform:

- Normal gebaute und schmalbrüstige Hunde werden in Seitenlage positioniert;
- Hunde mit tonnen- oder fassförmiger Brust (unter den Jagdhundrassen zählen zu dieser Kategorie z. B. Hannoversche Schweißhunde des schweren Schlags) legt man in Rückenlage.

HERZDRUCKMASSAGE

Der Druckpunkt für die Herzdruckmasse liegt bei normal gebauten Hunden an der höchsten Stelle des Brustkorbs, bei schmalbrüstigen Hunden direkt über dem Herzen und bei fassförmigen Hunden ist das Brustbein der Druckpunkt. Zur Herzdruckmassage wird der Ballen der einen Hand auf dem Druckpunkt positioniert und der Ballen der anderen Hand wird bei durchgestreckten Armen auf die erste Hand gesetzt. Bei sehr kleinen Hunden (Körpermasse unter fünf Kilogramm) wird von diesem Verfahren abgewichen. Hier wird mit einer Hand der Brustkorb über dem Herzen komprimiert, während die andere Hand gegen

die Rückenlinie des Vierbeiners ein Widerlager bildet.
Die Frequenz der Herzdruckmassage sollte in Abhängigkeit der Größe des Patienten zwischen 60 und 120 Kompressionen pro Minute liegen. Als Faustregel gilt: Je kleiner der Patient ist, desto höher muss die Frequenz sein. Komprimiert wird der Brustkorb zwischen einem Drittel und der Hälfte seiner Höhe. Dabei ist es ganz wichtig, dass es nach jeder Kompression zu einer vollständigen Entlastung des Brustkorbs kommt. Dies ist notwendig, um den Rückfluss von Blut ins Herz zu gewährleisten. gleich lang sein.

Der Punkt für die Herzdruckmassage befindet sich bei normalbrüstigen Hunden an der höchsten Stelle des Brustkorbs.

Bei schmalbrüstigen Hunden wird direkt über dem Herzen Druck ausgeübt.

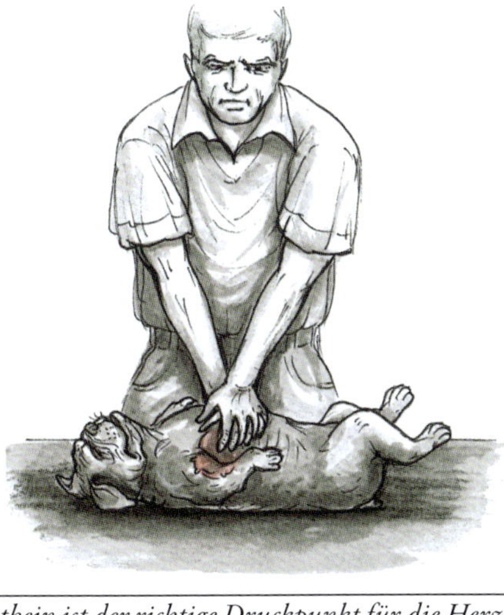

Das Brustbein ist der richtige Druckpunkt für die Herzdruckmassage bei Hunden mit fassförmiger oder auch tonnenförmiger Brust.

Hunde unter fünf Kilogramm: Eine Hand komprimiert den Brustkorb über dem Herzen, die andere bildet ein Widerlager am Rücken.

BEATMUNG

Nach etwa 30 Kompressionen wird der Hund zweimal über die Nase beatmet. Dazu legt man die Zunge des Hundes zwischen seine Schneidezähne. Die Lefzen werden mit einer Hand fest umschlossen, um ein Entweichen der eingeblasenen Atemluft zu verhindern. Daumen und Zeigefinger der anderen Hand formen einen Ring über der Nase des Hundes oder es wird ein Tuch über sie gelegt. Den eigenen Mund setzt man auf den Ring bzw. das Tuch und bläst die Ausatemluft über die beiden Nasenöffnungen in den Hund. Dies geschieht mit einem kräftigen, aber nicht zu schnellen Atemstoß. Nach zwei Atemstößen wird die Herzdruckmassage fortgesetzt. Dieser Zyklus sollte ca. zwei Minuten dauern, dann wird der Erfolg kontrolliert. Solange kein Herzschlag festzustellen ist, wird der Zyklus wiederholt. Schlägt das Herz wieder regelmäßig und ist ein Puls tastbar, beatmet man den Hund mit zehn Zügen pro Minute, bis die Spontanatmung wieder einsetzt. Dabei wird die Herzaktivität immer wieder überprüft (s. Schaubild S. 49).

TIPP

Musik kann dabei helfen, den richtigen Rhythmus der Reanimation eines Hundes beizubehalten. Sehr gut geht das mit dem Song „Stayin' alive" von den Bee Gees!

WEITERE HINWEISE

Im Idealfall hat man bereits vor Beginn der Reanimation weitere Personen zu Hilfe herangezogen. Diese Helfer können beispielsweise den Puls an der Femoralarterie während der Thoraxkompression tasten und darüber informieren, ob die Herzdruckmassage überhaupt erfolgreich ist.

Außerdem ist ein regelmäßiger Personenwechsel bei der Thoraxkompression zu empfehlen, denn diese Tätigkeit ist sehr anstrengend und muss unter Umständen über einen längeren Zeitraum durchgeführt werden. Schließlich aber können weitere Helfer auch die Beatmung des Hundes übernehmen und die geeigneten Vorbereitungen für dessen Abtransport treffen.

Die Mund-zu-Nase-Beatmung eines Hundes.

ATEMSTILLSTAND

Wird ein nicht ansprechbarer, bewusstloser Hund aufgefunden, der auf Manipulationen nicht reagiert, keine Spontanatmung zeigt, aber einen deutlichen Herzschlag und einen Puls an der Femoralarterie aufweist, ist die Prognose für eine erfolgreiche Wiederbelebung deutlich höher. Analog zum Vorgehen beim Atem- und Herz-Kreislauf-Stillstand sollten schnellstmöglich weitere Hilfspersonen hingezogen sowie die Atemwege des Hundes kontrolliert und ggf. freigelegt werden.

BRUSTKORBKONTROLLE

Danach wird mit der Mund-zu-Nase-Beatmung wie oben bereits beschrieben mit einer Frequenz von zehn Zügen pro Minute begonnen (s. Schaubild Atemstillstand, S. 48). Während der Atemstöße sollte eine deutliche Anhebung des Brustkorbs beobachtet werden. Ist dies nicht der Fall, sind entweder das Beatmungsvolumen und/oder der Beatmungsdruck zu gering, 10 ml bis 20 ml pro Kilogramm Körpermasse sind ein grober Richtwert für das zu applizierende Atemzugvolumen. Das Atemminutenvolumen sollte dabei zwischen 150 ml und 250 ml pro Kilogramm Körpermasse betragen.
Der normale Beatmungsdruck liegt zwischen 10 mbar und 20 mbar, bei Reanimationen kann auch ein höherer Druck bis zu 50 mbar notwendig sein. Dass diese Werte bei der Mund-zu-Nase-Beatmung nicht zu kontrollieren sind, ist selbsterklärend. Aber sie sollen eine Idee davon vermitteln, mit welchen Volumina und Drücken zu rechnen ist.

PRÜFUNG DER SCHLEIMHAUTFARBE

Neben der Brustkorbbewegung während der Beatmung kann auch die Schleimhautfarbe der Zunge zur Beurteilung des Beatmungserfolges herangezogen werden. Bei einem Atemstillstand sinkt der Sauerstoffgehalt des Blutes schnell ab und infolgedessen kann eine bläuliche oder blasse Maulschleimhaut beobachtet werden. Wenn nun durch die Mund-zu-Nase-Beatmung ein ausreichender Gasaustausch in der Lunge stattfindet und dabei die Blutzirkulation erhalten ist, nimmt die Maulschleimhaut schnell wieder eine physiologische, sprich normale Farbe an.
Zwischen den Atempausen müssen der Herzschlag und der periphere Puls regelmäßig kontrolliert werden. Dies ist wichtig, da ein Atemstillstand Vorbote eines Herzstillstandes ist. Sollte die Herztätigkeit während der Beatmung zum Stillstand kommen, muss umgehend mit der oben beschriebenen Herzdruckmassage begonnen werden.

NACH DER REANIMATION

Wenn die Reanimationsversuche erfolgreich waren, sollte der Hund trotzdem schnellstmöglich zur weiteren Diagnostik und Therapie in einer tierärztlichen Einrichtung vorgestellt und während der Fahrt dorthin engmaschig überwacht werden.
Sind die Reanimationsversuche vor Ort nicht erfolgreich gewesen, können die Wiederbelebungsmaßnahmen auch im Auto auf der Fahrt zur Praxis oder der Tierklinik fortgesetzt werden. Dies ist aber nicht einfach, und zudem ist, sobald sich das Fahrzeug auf einer öffentlichen Straße befindet, auch auf alle geltenden Verkehrsvorschriften zu beachten.

ACHTUNG

Müssen Sie einen Hund im Notfall zur tierärztlichen Versorgung bringen, wählen Sie eine Einrichtung mit entsprechender personeller und technischer Ausstattung! Und informieren Sie die Einrichtung frühzeitig über den Vorfall und die wahrscheinliche Ankunftszeit! So vorzugehen, gewährleistet einen reibungslosen Ablauf der tiermedizinischen Hilfe.

☞ ATEMSTILLSTAND UND REANIMATION

Hund wird bewusstlos aufgefunden, nicht ansprechbar, reagiert nicht auf Manipulationen, Hilfe anfordern, ggf. lebensbedrohende Ursachen beseitigen

keine Atmung festzustellen, aber Puls tastbar

↓

Atemwege freimachen, Hund in Seiten- oder Brustbauchlage bringen

↓

Mund-zu-Nase-Beatmung beginnen

↓

Frequenz 10 Züge pro Minute

↓

Kontrolle der Beatmung anhand der Brustkorbbewegung und der Farbe der Maulschleimhaut/Zunge

↓ keine Bewegung des Brustkorbs, blasse oder blaue Maulschleimhaut

↓ Atemvolumen und Druck erhöhen

↓ Bewegung des Brustkorbs sichtbar, physiologische Farbe der Maulschleimhaut

↓ Atemvolumen und Druck sind ausreichend

↓

während den Beatmungspausen Kontrolle der Herztätigkeit

↓ Herztätigkeit weiterhin vorhanden

↓ Beatmung fortführen

- ↓ Spontanatmung setzt ein
  ↓ tiermedizinische Praxis/Klinik aufsuchen, engmaschige Überwachung
- ↓ keine Spontanatmung
  ↓ Hund in eine tiermedizinische Praxis/Klinik bringen und zeitgleich die Beatmung fortführen, Praxis/Klinik unbedingt vorab über das Kommen informieren

↓ Herztätigkeit nicht mehr vorhanden

↓ sofort mit der Herzdruckmassage beginnen (s. dazu Schaubild S. 49)

☞ HERZSTILLSTAND

Hund wird bewusstlos aufgefunden, ist nicht ansprechbar, reagiert nicht auf Manipulationen, Hilfe anfordern, ggf. lebensbedrohende Ursachen beseitigen

keine Atmung festzustellen, kein Herzschlag oder Puls festzustellen

↓

Atemwege freimachen

↓

Lagerung des Patienten → fester, ebener Untergrund ohne spitze Gegenstände
normal gebaute und schmalbrüstige Hunde in Seitenlage lagern
fassförmige Hunde in Rückenlage

↓

Druckpunkt
- → normalgebaute Hunde: höchste Stelle über dem Brustkorb
- → schmalbrüstige Hunde: direkt über dem Herzen
- → fassförmige Hunde: Brustbein
- → Hunde < 5 kg: eine Hand über dem Herzen, die andere am Rücken

↓

Zweiminutenzyklus
- → 30 Thoraxkompressionen
  - → Frequenz: 60 bis 120 Kompressionen/Minute
  - → Kompressionstiefe: 1/3 bis 1/2
  - → Nach Kompression immer vollständige Entlastung
- → 2 Atemstöße mittels Mund-zu-Nase-Beatmung

↓

nach dem Zweiminutenzyklus → Kontrolle Herz- und Atemtätigkeit

- keine Herztätigkeit ↓ Zweiminutenzyklus wiederholen ↓ ggf. Hund in eine tiermedizinische Praxis/Klinik bringen und zeitgleich die Reanimationsmaßnahmen fortführen, Praxis/Klinik unbedingt vorab über das Kommen informieren
- Herztätigkeit vorhanden, aber keine Atmung ↓ Mund-zu-Nase-Beatmung fortführen ↓ ggf. Hund in eine tiermedizinische Praxis/Klinik bringen und zeitgleich die Beatmung fortführen, Praxis/Klinik unbedingt vorab über das Kommen informieren
- Herztätigkeit und Atmung vorhanden ↓ tiermedizinische Praxis/Klinik aufsuchen, engmaschige Überwachung

VERSORGUNG STARK BLUTENDER WUNDEN

Als Hämorrhagie, der medizinische Begriff für Blutung, ist der Austritt von Blut aus dem Gefäßsystem definiert, wobei Blutungen sowohl nach außen und als auch nach innen auftreten können. Je nach betroffener Gefäßart wird zwischen arteriellen, venösen und kapillären Blutungen differenziert.
Die Ursachen für Blutungen sind vielfältig. Es existiert eine ganze Reihe von Erkrankungen und Vergiftungen, die zu einer erhöhten Durchlässigkeit der Wände kleiner Gefäße sowie Kapillaren und somit zu einer mitunter auch lebensbedrohlichen Hämorrhagie führen können. Derartige Blutungen werden nicht Gegenstand dieses Kapitels sein. Hier soll es nur um typischerweise im Jagdbetrieb entstehende traumatisch bedingte Blutungen und deren Erstversorgung gehen.

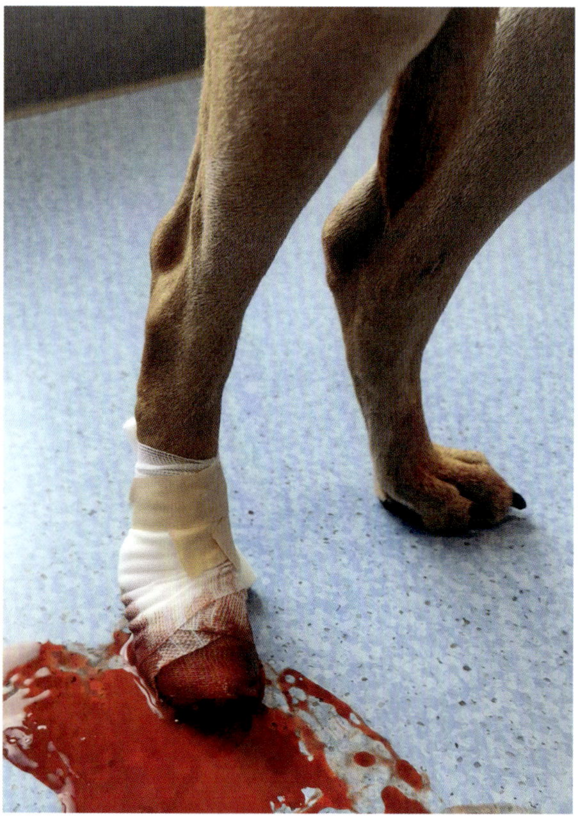

Arterielle, hellrote Blutung am Pfotenballen mit falsch angelegtem Druckverband. Es sieht erschreckend aus, die Verletzung ist aber, anders als im Foto S. 53, nicht lebensbedrohlich.

TRAUMATISCH BEDINGTE BLUTUNGEN

ÄUSSERE BLUTUNGEN

Bei traumatisch bedingten Blutungen kommt es durch eine mechanische Gewalteinwirkung zu Zerstörungen der Gefäßwände und damit zum Austritt von Blut.
Je nach Größe und Art des Gefäßes kann dabei sehr schnell ein lebensbedrohlicher Blutverlust entstehen. Typische Ursachen für diese Art von traumatisch bedingten Blutungen sind Riss-, Stich- und Hiebverletzungen, Bisse sowie Amputations- und Schussverletzungen. Derartige Blutungen nach äußeren Verletzungen sind in der Regel einfach vom Hundeführer wahrzunehmen und werden infolgedessen auch entsprechend schnell versorgt.
Äußere Blutungen schätzt man häufig schwerwiegender ein, als sie tatsächlich sind. Dies gilt insbesondere für Verletzungen an den Behängen oder den Ballen, die zwar stark und auffällig bluten, aber in der Regel nicht kritisch sind.

Solch ein „Engagement" ist eine häufige Ursache für größere Verletzungen mit starken Blutungen.

INNERE BLUTUNGEN

Stumpfe Gewalteinwirkung durch Stürze, einen Zusammenprall mit einem Fahrzeug oder Stößen, z. B. eines Wildschweins, können ebenfalls zu Blutungen führen, und zwar zu massiven, zum Teil lebensbedrohlichen inneren Blutungen in der Brusthöhle, in der Bauchhöhle oder im Gehirnschädel (intrakranielle Blutungen). Solche Blutungen sind ungleich schwerer zu erkennen als äußerliche Blutungen.

STUMPFE BRUSTKORB-VERLETZUNGEN

BLUTUNGEN IN DIE LUNGE

Bei massiven, stumpfen Traumata des Brustkorbs (Thorax) kann es zu einer ganzen Reihe unterschiedlicher Verletzungen kommen. Bei einer reinen Verletzung des Lungengewebes (Lungenkontusion) sind je nach Schweregrad Blutungen in die Lungenflügel möglich. Klinische Symptome wären in diesem Fall blutiger Husten (Hämoptyse) und ggf. Anzeichen einer Atemnot.

HÄMOTHORAX

Bei stärkeren Blutungen in den Brustkorb (Hämothorax), das heißt Bluteintritt zwischen Lungenflügel und Brustwand durch z. B. Verletzungen der Brustwand, größerer Gefäße und/oder Lungenlappenrisse, muss ein blutiger Husten nicht zwingend auftreten. Weitere mögliche Symptome eines Hämothorax sind Atemnot, Schwäche, eine starke Bauchpresse bei der Atmung sowie gedämpfte Atem- und Herzgeräusche. Die gedämpften Atem- und Herzgeräusche lassen sich gut mit einem Stethoskop feststellen, zur Not kann man aber auch sein Ohr zum Abhorchen auf den Brustkorb legen. Dabei sollten immer vergleichend beide Thoraxhälften abgehört werden! Zusätzlich sind blasse und/oder bläuliche Schleimhäute und eine verzögerte kapilläre Rückfüllzeit zu beobachten. Natürlich können auch Mischformen der Verletzungen auftreten. Häufig sind solch massive Thoraxverletzungen zudem noch von einem Pneumothorax (s. „Perforierende Verletzungen des Brustkorbs“, S. 60) begleitet.

STUMPFE VERLETZUNGEN DES BAUCHRAUMS

Bei stumpfen Traumata des Bauchraums (Abdomens) kann es u. a. zu Rissen von Milz und Leber mit nachfolgenden Blutungen in die Bauchhöhle kommen (Hämaskos oder Hämoperitoneum). Kennzeichen für fortgeschrittene Blutungen in das Abdomen sind blasse Schleimhäute, eine verzögerte kapilläre Rückfüllzeit, vermehrte Brustatmung (thorakale Atmung) und ein im Querschnitt birnenförmiges Abdomen. Häufig kann man die freie Flüssigkeit auch im Bauchraum tasten.

SCHÄDELTRAUMATA

Traumatisch bedingte, stärkere intrakranielle Blutungen können zu massiven temporären und/oder permanenten Schädigungen des Gehirnes mit entsprechenden neurologischen Symptomen führen. Eine klinisch-neurologische Untersuchung kann erste Hinweise auf eine solche Blutung liefern, die genaue Diagnostik ist jedoch nur über Schnittbildverfahren wie die Computertomographie oder Magnetresonanztomographie möglich.

DAS BLUT DES HUNDES

MENGE

Das Blutvolumen eines gesunden Hundes beträgt in etwa sieben bis acht Prozent von der Körpermasse. Diese Angabe ist jedoch nur ein grober Richtwert, da neben individuellen Unterschieden der Ernährungs- und Trainingszustand als auch das Alter einen Einfluss auf die Blutmenge haben können. So haben jüngere Hunde im Verhältnis zu älteren Tieren ein relativ höheres Blutvolumen. Adipöse Hunde haben im Vergleich zu gut bemuskelten Hunden bei gleicher Körpermasse eine relativ geringere Blutmenge. Das Wissen um die Blutmenge ist insoweit von Bedeutung, da es hilft, die Folgen eines akuten Blutverlustes besser einzuschätzen. Bei einem akuten Blutverlust von bis 15 % der gesamten Blutmenge kann es zu einem geringgradigen Volumenmangelschock kommen, bei einem Verlust von bis zu 30 % tritt ein mittelgradiger Schock auf und bei einem Verlust von 40 % oder mehr ist ein schwerer Schock zu erwarten. Zusätzlich können noch relative Blutverluste durch eine Umverteilung auftreten, welche das Schockgeschehen noch verstärken. Dies unterstreicht die Wichtigkeit der schnellen und sicheren Blutstillung!

BLUTUNGSARTEN

Arterielle Blutungen

Bei arteriellen Blutungen fließt das Blut pulsierend, synchron zum Herzschlag, mit hohem Druck aus dem verletzten Gefäß. Die Farbe des Blutes ist aufgrund des höheren Sauerstoffgehaltes der Erythrozyten hellrot (s. Foto S. 50). Bedingt durch das Einrollen bzw. durch die Kontraktur der verletzten Gefäßwände kann es bei Verletzungen kleinerer Arterien auch zum spontanen Stillstand der Blutung kommen. Je nach Größe der verletzten Arterie besteht akute Lebensgefahr.

Venöse Blutungen

Im Gegensatz zu arteriellen Blutungen ist bei venösen Blutungen (s. Foto nächste S.) die Farbe des Blutes dunkler, das Blut fließt nicht stoßweise oder nur schwach stoßweise und der Druck des austretenden Blutes ist geringer. Anders als bei Arterien kommt es bei einer Durchtrennung des Gefäßes nicht zu einer Kontraktur des Stumpfes. Die Blutungen aus größeren Venen können ebenfalls zum Volumenmangelschock führen und somit lebensbedrohlich sein.

KAPILLÄRE BLUTUNGEN

Kapilläre Blutungen entstehen durch Gewebeverletzungen ohne Einbeziehung größerer Arterien oder Venen, Kennzeichen sind hellrotes Blut, gleichmäßiger, nicht oder nur wenig pulsierender Blutaustritt. Der Blutverlust ist abhängig von der Größe der verletzten Oberfläche und in den meisten Fällen nicht klinisch relevant. Ein typisches Beispiel für Verletzungen, bei denen kapilläre Blutungen auftreten, sind oberflächliche Schürfwunden.

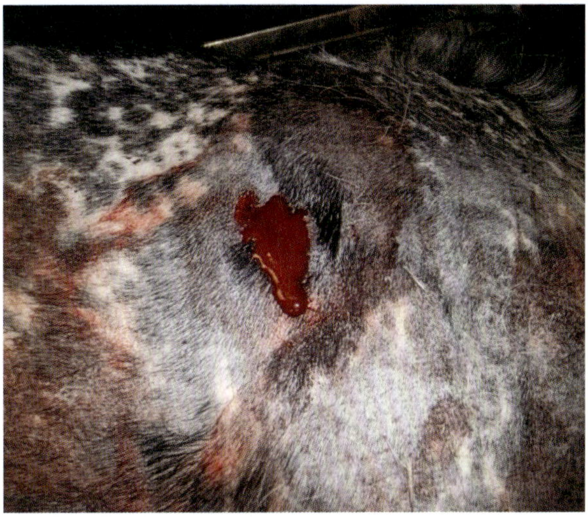

Venöse, dunkelrote Blutung aus einem Ausschuss an der Brustwand eines Hundes – unscheinbar, aber lebensbedrohlich.

BLUTSTILLUNG

Blutungen treten bei verletzten Jagdhunden häufig auf – umso wichtiger ist das Wissen um die Möglichkeiten, es zu stillen. Hier kann man als Ersthelfer mit wenig Aufwand sehr viel Positives für den Patienten bewirken!

Bei starken, lebensbedrohlichen Blutungen gilt:

- Blutstillung hat Vorrang vor der Atmungssicherung
- Blutstillung hat Vorrang vor Sterilität (auf Eigenschutz achten!)
- Fast jede Blutung kann durch ausreichend hohen Druck gestoppt werden!

Bei sehr starken arteriellen Blutungen ist jedes Mittel zur schnellen Blutstillung recht, da der Patient ohne sie ohnehin sterben würde. Es gibt nichts zu verlieren!

MANUELLE STILLUNG

Bei der manuellen Blutstillung kann man zwischen zwei Methoden unterscheiden. Bei der ersten Methode wird die arterielle Blutversorgung zum eigentlichen Wundbereich unterbunden. Bei Blutungen an den Extremitäten geschieht dies durch punktuellen, hohen Druck mit den Fingern auf die die Gliedmaße versorgende Arterie oberhalb der Wunde. Dabei wird die Arterie gegen den darunter liegenden Knochen gepresst und so komprimiert.

Diese Methode setzt allerdings genaue anatomische Kenntnisse über den Verlauf der Blutgefäße voraus. Als vereinfachte Regel gilt, dass die großen Arterien im oberen Bereich der Extremität auf der Innenseite und im unteren Bereich der Gliedmaße auf der Rückseite verlaufen.

Am Oberarm ist ein geeigneter Druckpunkt in der Mitte des Oberarmes auf der Innenseite zwischen den tastbaren Muskelbäuchen. Am Oberschenkel ist der Druckpunkt im Leistenspalt leicht zu finden. Auch bei einseitigen Verletzungen der großen Gefäße am Hals (Halsschlagader und Jugularvene) ist es möglich, auf diese Weise Blutungen zu reduzieren oder zu stoppen. Hierzu baut man mit dem Daumen hohen, punktuellen Druck am Stich auf. Die Gefäße der kontralateralen Seite dürfen dabei nicht mit abgedrückt werden.

Bei der zweiten Methode versucht man, das verletzte Gefäße direkt in der blutenden Wunde mit den Fingern zu komprimieren. Alternativ kann man auch zusätzlichen Druck aufbauen, indem man z. B. keimarme oder sterile Mullkompressen in die Wunde presst. Vorzugsweise sollte man dabei entweder sterile Handschuhe oder zumindest Einmalhandschuhe tragen.

PRO UND CONTRA MANUELLE BLUTSTILLUNG

Vorteile Positiva der manuellen Blutstillung sind deren einfache Handhabung, kein oder kaum Materialeinsatz und die Möglichkeit, sie sehr schnell auch ohne fremde Hilfe vornehmen zu können.

Nachteile Je nach Methode ist anatomisches Wissen notwendig, überdies lassen sich sehr starke Blutungen damit meist nicht komplett unterbinden. Hinzu kommen hygienische Aspekte und die Tatsache, dass es schwierig ist, einen punktuellen, hohen Druck länger aufrechtzuerhalten.
Als Erste Soforthilfe, bis weitere Ersthelfer eintreffen und andere Techniken zur Blutstillung (s. u.) eingesetzt werden können, haben die Methoden jedoch ihre Berechtigung.

BLUTSTILLUNG MIT ARTERIENKLEMMEN

Arterienklemmen sind chirurgische Instrumente zum Fassen oder Halten durchtrennter Blutgefäße bei Operationen. Sie können aber auch sehr gut zur primären Blutstillung in Notfallsituationen eingesetzt werden.

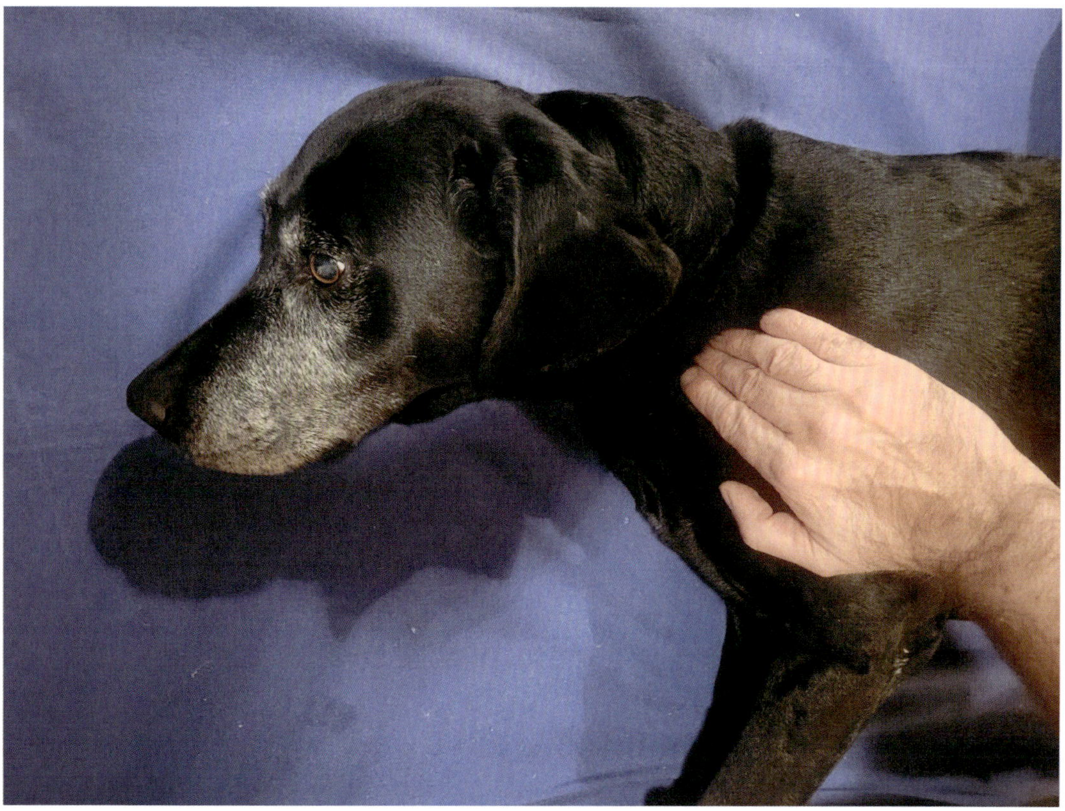

Manuelle Blutstillung: An diesem Punkt werden die Gefäße am Hals abgedrückt.

VIELE KLEMMEN – VERGLEICHBAR KONSTRUIERT

Es gibt eine große Zahl unterschiedlicher Arterienklemmen, aber ihr Grundaufbau ist immer ähnlich. Sie entsprechen grob einer chirurgischen Schere, haben aber statt Schneiden zwei quergeriefte Mäuler und eine Einrastvorrichtung. Letztere ist besonders wichtig, da damit die Mäuler permanent mit anpassbarem und hohem Druck verschlossen werden können. Gehalten werden Arterienklemmen wie chirurgische Scheren (s. Foto S. 38 o. l.). Aufgrund der geringen Größe und des geringen Gewichtes können auch mehrere Arterienklemmen, am besten in unterschiedlichen Größen, immer mitgeführt werden. Wichtig ist, dass man sich mit der Handhabung (Haltung/Öffnen/Schließen) der Klemmen vor einem Notfall vertraut macht.

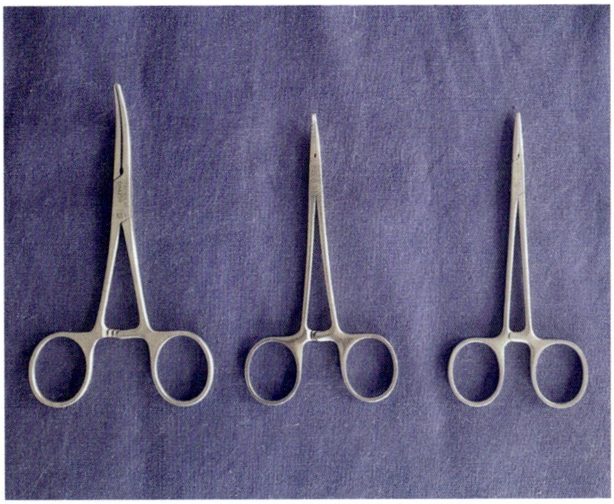

Arterienklemmen können stark (l.) und leicht gebogen (M.) oder gerade ausgeführt sein.

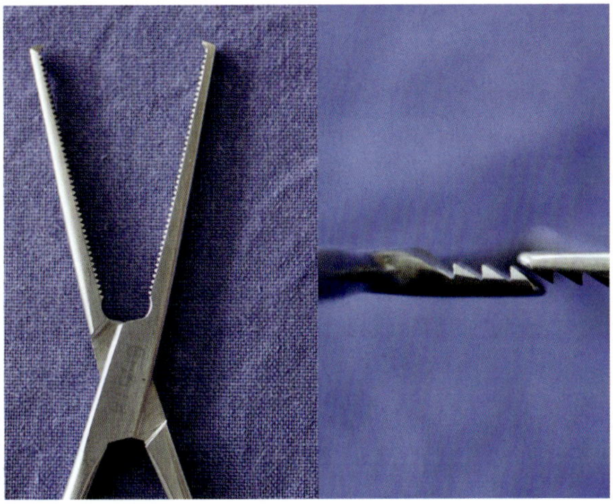

Unabhängig von ihrer Form besitzen alle Arterienklemmen ein quergerieftes Maul (l.) und eine Einrastvorrichtung.

EINSATZ VON ARTERIENKLEMMEN

Bei starken arteriellen Blutungen kann versucht werden, das verletzte Gefäß direkt mit der Klemme zu fassen. Wenn dies gelingt, drückt man die Klemme zusammen, bis sie spürbar einrastet. Auf diese Weise wird das Gefäß dauerhaft komprimiert und die Blutung gestillt.

Ist das Gefäß infolge der Blutung in die Wunde nicht sichtbar, gibt es zwei Möglichkeiten, die Klemmen einzusetzen. Man kann das Gewebe, in dem man das blutende Gefäß vermutet, blind mit der Klemme greifen. Kommt es dadurch zum Stillstand der Blutung, lässt man die Klemme einrasten. Wenn nicht, greift man solange nach, bis die Blutung steht. Nachteil der Methode ist, dass neben dem verletzten Gefäß auch anderes Gewebe, wie z. B. Nerven, mit eingeklemmt und verletzt werden kann.

Besser ist ein anderes Vorgehen: Zuerst stoppt man die Blutung manuell (s. o.) und zieht dann langsam den/die Finger von der Wunde. In dem Moment, in dem die Blutung wieder auftritt, hat man den Bereich der verletzten Arterie identifiziert und kann nun die Klemme gezielter einsetzen. Notfalls wiederholt man den Vorgang einige Male. Es können auch mehrere Klemmen eingesetzt werden. Wenn nach mehreren Versuchen die Blutung mit den Klemmen nicht gestillt werden konnte, muss man auf andere Methoden ausweichen (s. o. und u.). Im Erfolgsfall sollten die Klemmen gegen Verrutschen und/oder unabsichtliche Manipulationen durch z. B. einfache Verbände geschützt werden.

PRO UND CONTRA ARTERIENKLEMMEN

Vorteile Der Materialaufwand ist gering, verletzte Gefäße werden dauerhaft komprimiert. Insbesondere im Halsbereich, wo Druckverbände nur sehr bedingt einsetzbar sind, leisten Arterienklemmen wertvolle Dienste.

Nachteile Der Einsatz von Arterienklemmen ist meist nur mit zwei oder mehr Personen möglich: Mindestens eine Person fixiert den Hund, während die zweite Person versucht, die Blutung mit der Klemme zu stoppen. Weitere Nachteile bestehen darin, dass es nicht immer einfach ist, das blutende Gefäß in der Wunde zu finden und zu greifen, und dass Übungen der Technik am lebenden Hund kaum möglich sind.

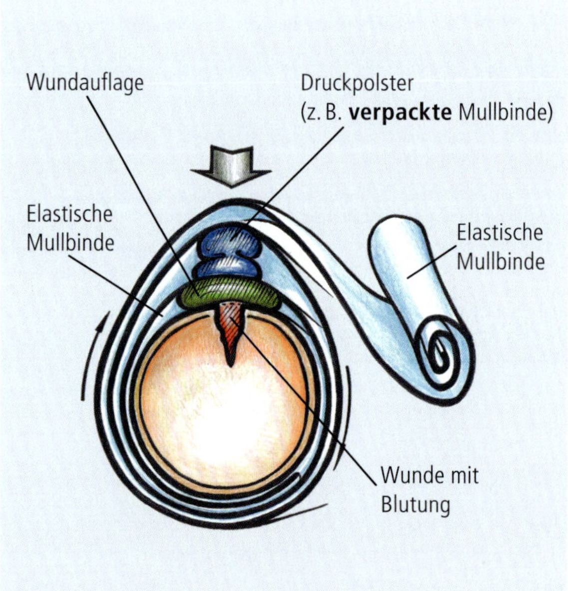

Schematische Darstellung eines Druckverbandes

ACHTUNG

Wird eine Mullbinde als Druckpolster für einen Druckverband verwendet, muss sie verpackt bleiben, damit sie kein Blut aufsaugt. Eine ausgepackte Mullbinde wäre kontraproduktiv!

DRUCKVERBÄNDE

Druckverbände sind eine weitere einfache und effektive Methode, Blutungen zu stoppen. Sie lassen sich sehr gut an den Gliedmaßen und bedingt auch am Rumpf eines Hundes einsetzen.

ANLEGEN EINES DRUCKVERBANDS

Wenn möglich, wird der verletzte Körperteil hoch gelagert und bei Bedarf das blutzuführende Gefäß abgedrückt (s. o.). Eventuelle Fremdkörper sollten in der Wunde belassen werden. Danach wird die Wunde mit keimarmen oder besser sterilen Wundauflagen komplett abgedeckt, die Wundauflagen werden mit elastischen Mullbinden fixiert. Dabei müssen die elastischen Binden straff anliegen, ohne die Durchblutung des Körperteils komplett zu unterbinden.

Anschließend wird ein Druckpolster – z. B. eine verpackte(!) Mullbinde – direkt oberhalb der Wunde auf die elastische Binde gelegt und mit einer weiteren elastischen Mullbinde straff umwickelt. Auch jetzt ist wieder darauf zu achten, dass die Binde nicht zu fest angezogen wird und es dadurch zu Durchblutungsstörungen, Muskel- und/oder Nervenschädigungen kommt.

Bei optimalem Anpressdruck kommt die Blutung zum Stillstand, ohne dass die unterhalb des Druckverbands liegenden Körperteile Anzeichen einer Stauung und/oder einer Blaufärbung zeigen. An den Extremitäten sollte der Puls unterhalb des Druckverbands noch tastbar sein. Ist der erste Druckverband durchgeblutet (s. Foto S. 50), kann bzw. sollte ein weiterer Druckverband über den ersten gelegt werden.

BAUCHRAUM, BRUST UND HALS

Wenn innere Blutungen im Bauchraum vermutet werden, kann ein enganliegender, aber nicht einschnürender Verband um den Bauch angelegt werden. Dieser wirkt durch

die Kompression des Bauchraums und die damit verbundene Volumenminderung ebenfalls wie ein Druckverband.
Bei Blutungen im Bereich der Brustwand können Druckverbände nur sehr eingeschränkt eingesetzt werden. Bei Blutungen in der Halsregion verbieten sie sich.

PRO UND CONTRA DRUCKVERBÄNDE

Vorteile Druckverbände sind einfach zu handhaben und stillen Blutungen meist erfolgreich und schnell. Bei korrekter Anwendung ist außerdem das Risiko von Durchblutungsstörungen und weiteren Gewebeschädigungen gering. Überdies lässt sich das Anlegen von Druckverbänden gut üben.
Nachteile Druckverbände kann man Hunden meist nur mit zwei oder mehr Personen anlegen und der Materialaufwand für solche Verbände ist hoch.

TOURNIQUETS ODER STAUBINDEN

Ein Tourniquet ist ein System zur Blutstillung von sehr starken, arteriellen Blutungen an den Extremitäten. Wie auch bei Staubinden wird beim Anlegen eines Tourniquets das Weichteilgewebe der verletzten Gliedmaße so stark komprimiert, dass durch den Druck auch die zuführende(n) Arterie(n) verschlossen wird/werden und die Blutung so zum Stillstand kommt. Im Gegensatz zum Druckverband wird die gesamte Durchblutung der Gliedmaßen unterhalb des Tourniquets unterbunden, was eine Sauerstoffunterversorgung zur Folge hat. Man kann grundsätzlich zwischen pneumatischen und mechanischen Tourniquets unterscheiden. Hier sollen nur Letztere besprochen werden. Bei mechanischen Tourniquets wird ein Band zirkulär um die betroffene Extremität gelegt und durch Rotation eines Knebels so stark verkürzt, dass ein ausreichend hoher Druck zur Blutstillung entsteht. Ein zu geringer Druck unterbindet die arterielle Blutzufuhr nicht, sondern führt nur zu einer Stauung des venösen Rückflusses und verstärkt sogar die Blutung. Ein Tourniquet sollte nicht im Bereich von Wundhöhlen oder Gelenken angelegt werden.
Indikationen für den Einsatz eines Tourniquets bzw. einer Staubinde sind Blutungen, bei denen ein Druckverband keinen Erfolg gebracht hat oder nicht angelegt werden kann. Ein konkretes Beispiel für den Einsatz eines Tourniquets respektive einer Staubinde wären eine Amputationsverletzungen im Bereich der oberen Gliedmaßen. Sobald man

SCHRITT FÜR SCHRITT: DRUCKVERBAND AM LAUF

1. Wenn möglich, Hilfspersonen hinzuziehen
2. Anlegen von Einmalhandschuhen oder sterilen Handschuhen
3. Den Hund nach Möglichkeit beruhigen
4. Den Hund in Seitenlage mit der verletzten Gliedmaße nach oben lagern
5. Soweit möglich, die zuführende Arterie abdrücken
6. Wunde mit steriler Wundauflage bedecken
7. Wundauflage mit Mullbinden fixieren
8. Druckpolster auf die Wunde legen
9. Druckpolster mittels Mullbinde fixieren
10. Mullbinde mit Pflaster oder elastischer Binde fixieren
11. Durchblutung unterhalb des Verbands regelmäßig überprüfen

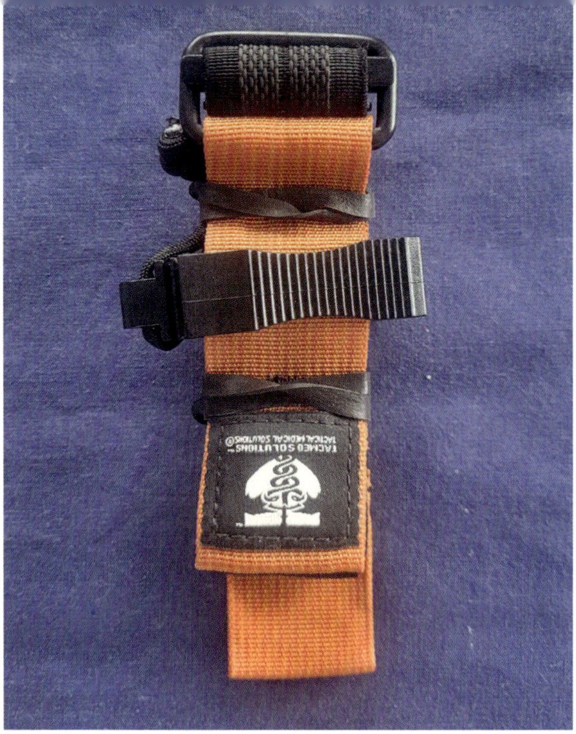

Tourniquet für Hunde.

DAS TOURNIQUET-SYNDROM

Wurde mit einem Tourniquet der arterielle Blutfluss lange unterbunden, kommt es unterhalb der abgebundenen Stelle zur Sauerstoffunterversorgung und der Bildung toxischer Abbauprodukte. Löst man nun das Tourniquet, können diese Abbauprodukte in den Blutkreislauf gelangen und u. a. Herzrhythmusstörungen, ein akutes Nierenversagen und eine stoffwechselbedingte Übersäuerung (metabolische Azidose) auslösen.

Schematische Darstellung einer angelegten Staubinde.

ein Tourniquet bzw. eine Staubinde angelegt, sollte unbedingt die Uhrzeit des Anlegens darauf festgehalten werden.

PRO UND CONTRA TOURNIQUETS

Vorteile Tourniquets sind einfach zu handhaben und stillen Blutungen effektiv. Aus diesen Gründen werden diese Instrumente auch bei der Erstversorgung im militärischen Bereich bevorzugt eingesetzt. Der Materialaufwand ist gering.

Nachteile Die Negativa von Tourniquets sind gravierend. Selbst bei sachgemäßer Anwendung kann es zu Nervenschäden, Absterben von Gewebe und Verschluss von Blutgefäßen (Thromembolien) kommen. Außerdem kann nach dem Lösen eines Tourniquets ein sogenanntes Tourniquet-Syndrom auftreten (s. Kasten).

BLUTSTILLENDE WUNDAUFLAGEN

Auch der Einsatz sogenannter hämostatischer, sprich blutstillender Wundauflagen ist bei Hunden denkbar. Diese Auflagen wurden ursprünglich für den militärischen Einsatz entwickelt. In der Humanmedizin werden sie bei Blutungen benutzt, die weder durch einen Druckverband noch durch ein Tourniquet gestoppt werden können.

Die ersten hämostatischen Wundauflagen waren mit Zeolith beschichtet, neuere Auflagen sind mit einer Kaolinschicht versehen. Beide Substanzen fördern die Blutgerinnung stark und können so helfen, Blutungen zu stillen. Bei zeolithbeschichteten Wundauflagen kam es durch eine exotherme Reaktion während der Blutgerinnung mitunter zu schweren Verbrennungen. Dieses Risiko besteht bei Kaolin nicht mehr, zudem löst dieser Stoff zumindest bei Menschen auch seltener allergische Reaktionen aus.

Aufgrund der möglichen und erheblichen Komplikationen von sowohl Tourniquets als auch blutstillenden Wundauflagen sollten andere Methoden der Blutstillung angewendet werden, wann immer das möglich ist.

IMPROVISATION

Notfälle haben die unangenehme Eigenschaft, immer unerwartet und zum falschen Zeitpunkt aufzutreten. Das führt häufig dazu, dass die übliche Ausrüstung nicht vorhanden oder nicht schnell genug erreichbar ist und man daher improvisieren muss.
In solchen Situationen können Gegenstände wie z. B. ein stufenlos verstellbarer Gürtel und ein Paket Papiertaschentücher für einen Druckverband und ein Strick oder eine Leine sowie ein Stock als Ersatz für ein Tourniquet wertvolle Dienste leisten.
Hier gilt einfach: Im Notfall ist bei sehr starken, lebensbedrohlichen Blutungen auch jede Improvisation zu deren Stillung gerechtfertigt!

SELBSTGEMACHT: DRUCKVERBAND …

Die Papiertaschentücher (in der Verpackung!), alternativ ein klein gefaltetes Stofftuch, werden auf die blutende Wunde gelegt und mit dem stufenlos verstellbaren Gürtel unter Druck auf dieser fixiert, bis die Blutung steht.

… ODER STAUBINDE

Mit einem Strick oder einer dünnen Leine und einem stabilen Stock kann ein Tourniquet selbst hergestellt werden. Dazu werden der Strick oder die Leine oberhalb der blutenden Wunde um die Gliedmaße gelegt und locker verknotet. Danach wird der Stock durch Drehen als Knebel zum Spannen des Strickes oder der Leine eingesetzt, bis die Blutung zum Stillstand kommt. Die oben ausgeführten Einschränkungen beim Einsatz eines Tourniquets gelten natürlich auch für diese selbstgebaute Variante.
Jeder Patient, der eine der oben beschriebenen Maßnahmen benötigt hat, sollte schnellstmöglich zur weiterführenden Diagnostik und Therapie in einer tierärztlichen Einrichtung vorgestellt werden.

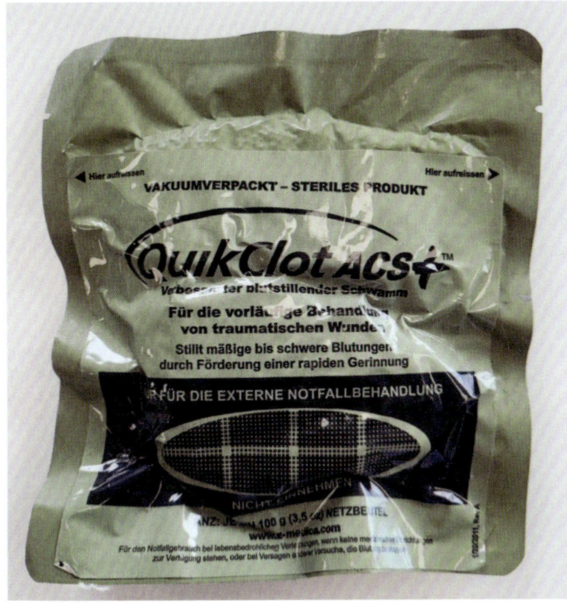

Beispiel für eine hämostatische Wundauflage.

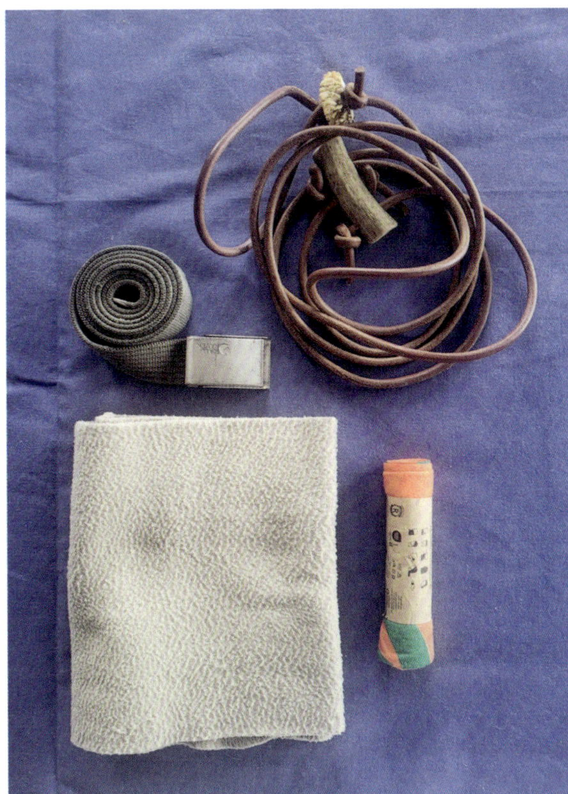

Alternatives Material für einen Druckverband und ein Tourniquet.

PERFORIERENDE VERLETZUNGEN DES BRUSTKORBS

PNEUMOTHORAX

Bei perforierenden Verletzungen des Brustkorbs (Thorax) werden alle Schichten der Brustwand durchtrennt. In Abhängigkeit von der Ursache und der Stärke des Traumas können darüber hinaus auch die im Brustkorb liegenden, lebensnotwendigen Organe wie z. B. Herz, Lunge und Gefäße verletzt werden.

VARIANTEN

Im Normalzustand herrscht im sogenannten Pleuralspalt, einem Raum zwischen Lunge und Brustwand, ein geringer Unterdruck. Das ist notwendig, um die Lunge im geblähten Zustand zu halten. Dringt nun je nach Lage und der Größe der Verletzung(en) Luft in den Pleuraspalt ein, kann es zum Kollabieren der Lungenlappen und so zu einem sogenannten traumatischen Pneumothorax kommen.

Wenn die perforierende Verletzung nur klein ist, kann durch eine Ventilfunktion der Wunde ein sogenannter Spannungspneumothorax entstehen. Dabei dringt beim Einatmen Luft in den Pleuraspalt ein, kann aber bei der Exspiration nicht mehr entweichen. In der Folge steigt der Druck im Brustkorb kontinuierlich an, wodurch wiederum Lungengewebe, Gefäße sowie Herz immer stärker komprimiert und in ihrer Funktion bis zum Tod des Hundes eingeschränkt werden.

Ein Pneumothorax kann auch ohne äußerlich sichtbare Verletzungen durch z. B. massive stumpfe Traumata entstehen. Jede Form des Pneumothorax ist immer als ein akut lebensbedrohlicher Zustand einzustufen!

ACHTUNG

Die äußerlich sichtbare Wunde, die zu einem Pneumothorax führt, muss nicht zwangsläufig im Bereich der Brustwand liegen. Auch Wunden an anderer Stelle können ihn auslösen!

AUSLÖSER BEI JAGDHUNDEN

Typische Ursachen für perforierende Brustkorbverletzungen bei Jagdhunden sind

- Stichverletzungen durch Wildschweine,
- Bissverletzungen durch z. B. andere Hunde,
- Pfählungsverletzungen,
- Schussverletzungen.

STICHVERLETZUNGEN DURCH SCHWARZWILD

Die besonders gefährlichen langen Gewehre der Keiler, aber auch deren Haderer sowie die Haken der Bachen sind gekrümmt. Diese Form führt zu typischen, für den Hund meist günstigen Verletzungsmustern. Wildschweine schlagen häufig mit dem Kopf von unten nach oben. Dabei durchdringen die Eckzähne die Haut des Hundes an einer Stelle, verschieben diese durch die Kopfbewegung und führen zu einer Zusammenhangstrennung der eigentlichen Brustwand an einer anderen Stelle. Dadurch sind die

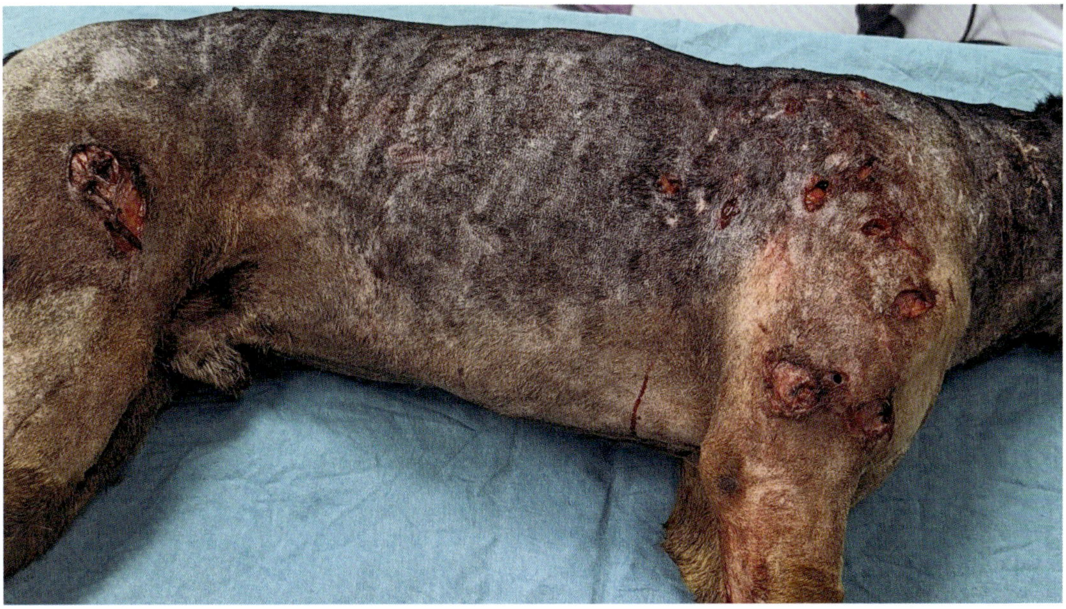

Auch auf der rechten Seite wurde der Hund von Foto Seite 8 geschlagen. Wegen der gebogenen Waffen des Schwarzwildes sind die Hautwunde und die eigentliche Wunde in der Brustwand meist nicht deckungsgleich!

unterschiedlichen Schichten der Wunde nicht deckungsgleich, was die Gefahr eines Pneumothorax deutlich verringert. Auch wird das eigentliche Lungengewebe dabei selten verletzt.

BISSE ANDERER HUNDE

Bei Bissverletzungen im Bereich des Brustkorbs durch andere Hunde kommt es häufiger zu schwereren Traumata; dies gilt insbesondere dann, wenn ein großer Hund einen kleinen Hund packt und beutelt. Meist perforieren alle vier Eckzähne die Haut und durch das Beuteln werden unter Umständen Rippen gebrochen und die Muskulatur der Brustwand großflächig zerstört. Hier ist das Risiko für einen Pneumothorax und die Verletzung von Lungengewebe deutlich höher als bei der Stichverletzung durch Wildschweine.

PFÄHLUNGSVERLETZUNGEN

Ähnliches wie für Bissverletzungen gilt auch für Pfählungsverletzungen. Das Ausmaß des Traumas ist bei Pfählungsverletzungen stark abhängig von der genauen Lage der Perforation sowie der Eindringtiefe, der Größe und der Form des den Brustkorb perforierenden Gegenstandes. Ganz wichtig ist: Fremdkörper, die den Brustkorb perforiert haben und sich noch im Hund

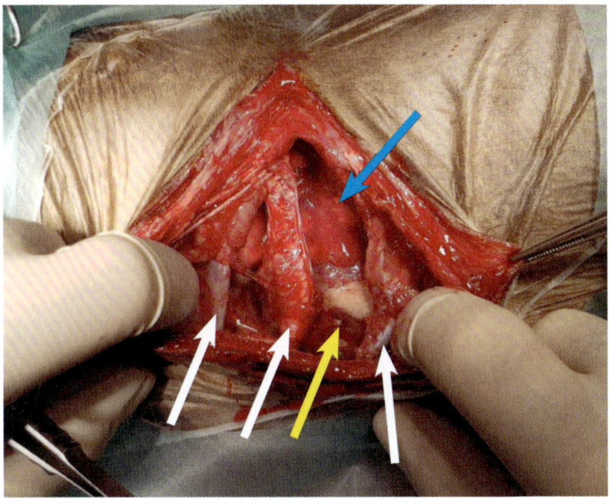

Brustwand eines Hundes mit äußerlich unscheinbarer Bissverletzung: Rippenmuskulatur partiell zerstört (weiße Pfeile), Lunge und Herz (blauer bzw. gelber Pfeil) aber unverletzt.

befinden, dürfen nur unter tierärztlicher Kontrolle entfernt werden!

SCHUSSVERLETZUNGEN

Bei direkten Treffern im Bereich des Brustkorbs mit jagdlicher Munition entstehen meist so schwere Verletzungen mit Zerstörung der Brustwand und der Brusthöhlenorgane, dass trotz aller medizinischen Maßnahmen ein Weiterleben des Patienten leider sehr unwahrscheinlich ist.

ANZEICHEN

Aus dem bisher Gesagten lässt sich ableiten, dass die klinischen Anzeichen einer perforierenden Thoraxverletzung stark variieren können. Das macht ein frühzeitiges Erkennen in manchen Fällen oft schwierig.

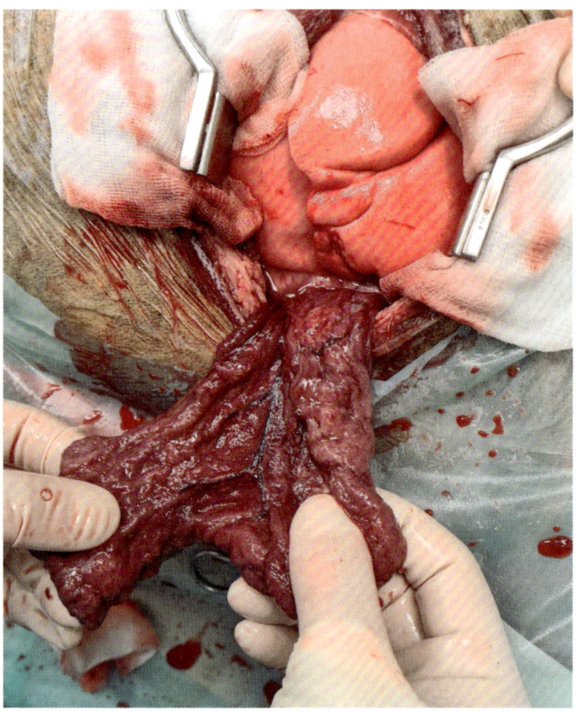

Pyothoraxbildung mit verändertem Gewebe unterhalb der Lunge– Wochen nach einer nicht erkannten perforierenden Brustwandverletzung.

UNSCHEINBARE VERLETZUNGEN

Ein Hund, dessen Brustkorb nur kurz durch einen Stich mit einem Hauer ohne Verletzung des Lungengewebes perforiert wurde, zeigt während des Jagdeinsatzes oft keine akuten Symptome. Nach der Jagd kann der Hund unter Umständen Schmerzen und Bewegungsunlust zeigen.

Wird die Verletzung nicht erkannt und behandelt, kann es innerhalb von Tagen bis Wochen zu einer Eiteransammlung im Brustkorb kommen (Pyothorax), da bei einer solchen Stichverletzung immer Keime in den Thorax gelangen. In diesem Fall wird zuerst meist ein Leistungsabfall beobachtet. Dazu kommen im späteren Verlauf eine verminderte Futteraufnahme, Fieber und Atemnot. In schweren Fällen sind die Herztöne beim Auskultieren des Brustkorbs durch die Eiteransammlung gedämpft.

Die Diagnose kann durch radiologische und sonografische Untersuchungen sowie die Punktion des Brustkorbs gestellt werden.

Auch bei Bissverletzungen durch z. B. andere Hunde sind äußerlich auf den ersten Blick oft nur die Perforationsstellen der Eckzähne erkennbar und lassen nicht unmittelbar eine lebensbedrohliche Verletzung vermuten.

SCHWERERE FÄLLE

Ist die Brustwand stärker verletzt und/oder liegt ein Pneumothorax vor, sind die akuten klinischen Anzeichen deutlich stärker. Mögliche sichtbare und akut auftretende Symptome sind Schmerzen, Leistungsabfall, eine erhöhte Atemfrequenz, Atemnot, Schonatmung und/oder unter Umständen blau verfärbte Maulschleimhäute (Zyanose). Zusätzlich kann bei Rippenserienfrakturen eine paradoxe Atmung (s. „Veränderte Atemmuster“, S. 26) beobachtet werden.

Ist die Thoraxverletzung nur einseitig, kann auch eine unterschiedlich tiefe Atembewegung der Brustkorbhälften festgestellt werden (s. „Atemtiefe und Gasaustausch“, S. 26). In extremen Fällen kann sich die

Wundöffnung synchron mit der Atmung bewegen. Dabei treten oft auch blubbernde Geräusche auf.

UNTERSUCHUNG UND INDIKATOREN

Wenn Verletzung und Symptome den Verdacht auf eine perforierende Brustkorbverletzung nahelegen, erfolgt nach der visuellen Untersuchung (Adspektion) das vorsichtige Abtasten des Brustkorbs. Dieses Abtasten geschieht, wie weiter vorn schon erwähnt, idealerweise gleichzeitig mit beiden Händen, wobei eine Hand über die linke und die andere Hand über die rechte Thoraxhälfte gleitet (Foto rechts oben). Durch dieses Vorgehen lassen sich vor allem einseitige Veränderungen wie z. B. Rippenfrakturen und/oder eine Instabilität der Brustwand sehr gut diagnostizieren. Liegt eine perforierende Thoraxverletzung vor, können zudem häufig Brustwanddefekte oder Gasansammlungen in der Unterhaut festgestellt werden.
Das Foto rechts in der Mitte zeigt einen Dackel in rechter Seitenlage mit einer seitlichen Wunde der linken Bauchwand. Auf dem Foto ist zu erkennen, wie man mit dem Zeigefinger zwischen den Rippen in den Brustkorb bzw. um die Rippen fassen kann. Ein klares Indiz für eine Zusammenhangstrennung der Brustwand.

UNTERHAUTEMPHYSEM

Hört oder/und spürt man beim Abtasten der Brustkorbhälften ein „Schneeballknirschen", liegt eine Gasansammlung in der Unterhaut (Subcutis), auch Unterhautemphysem genannt, vor. Ein solches Unterhautemphysem legt den Verdacht einer perforierenden Thoraxverletzung nahe. Das Foto rechts unten zeigt eine Röntgenaufnahme eines Jagdterriers in Brust-Bauch-Lage, der von einem größeren Hund gebissen wurde. In der linken Brust-

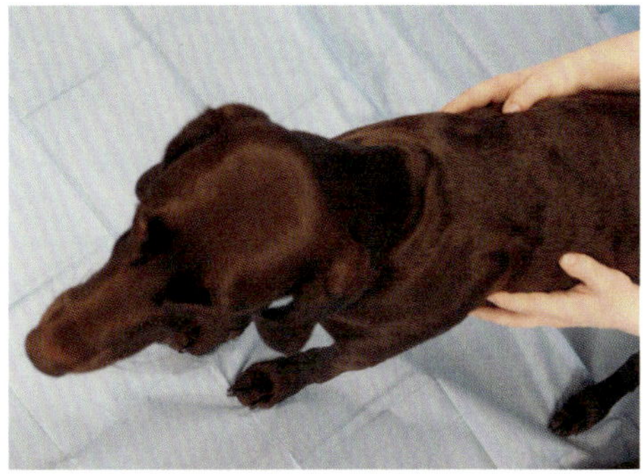

Gleichzeitiges Abtasten der Brustkorbhälften mit beiden Händen

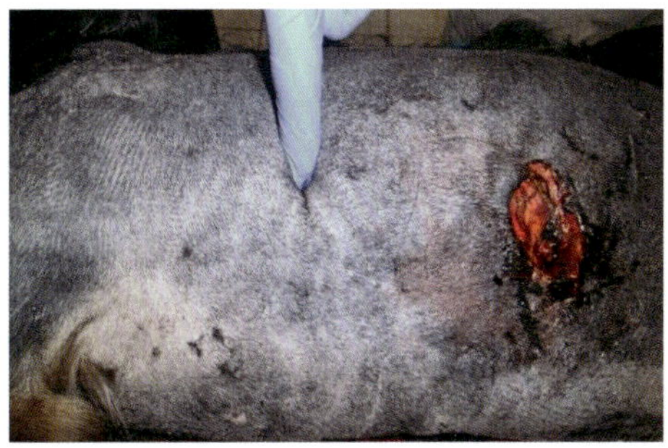

Verletzte Bauch- sowie Thoraxwand. Der Finger kann in den Brustkorb tasten.

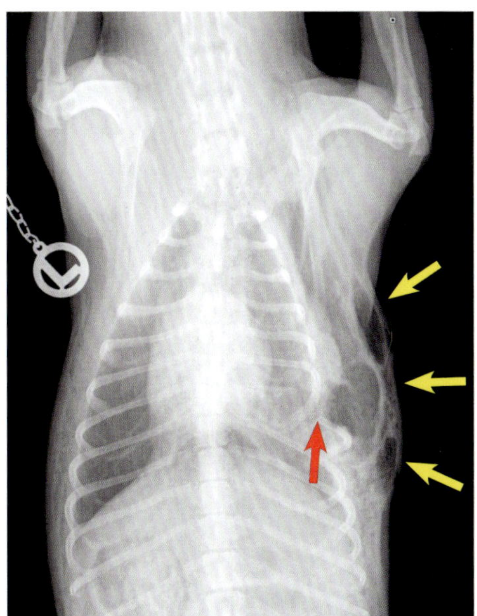

Röntgenaufnahme eines Jagdterriers von oben (s. Text): Unterhautemphysem (gelbe Pfeile) sowie Rippenfraktur (roter Pfeil)

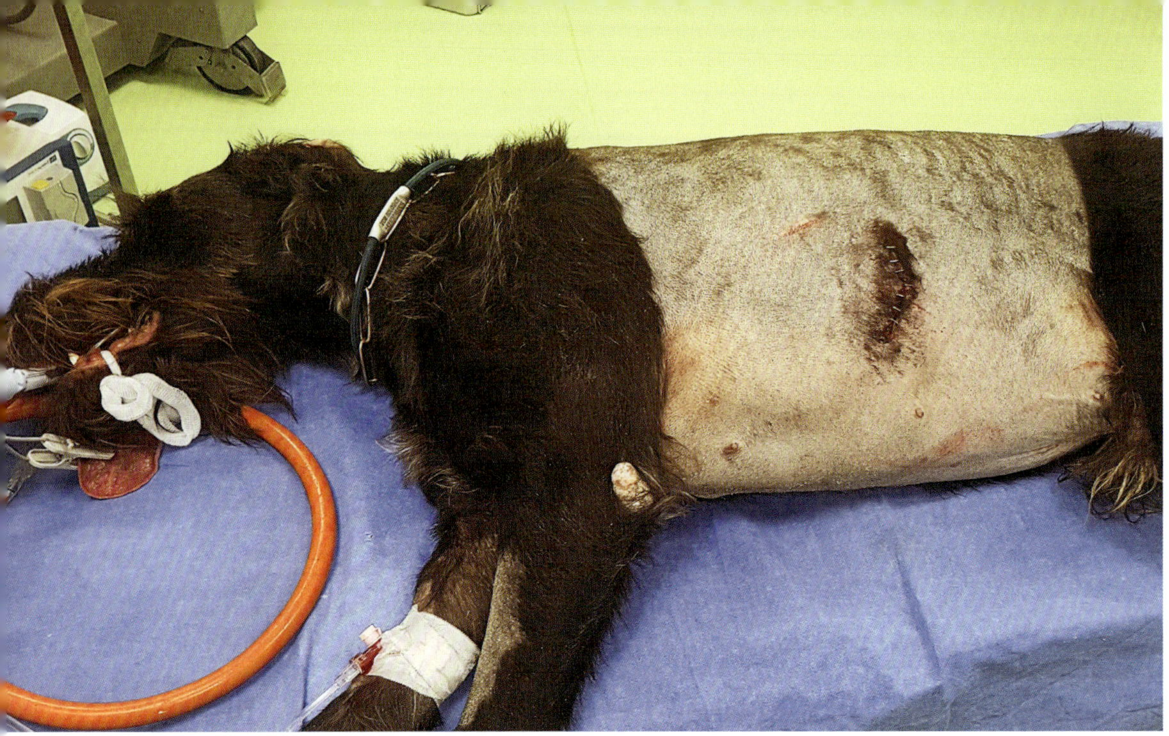

Deutsch Drahthaar mit vorläufig geklammerter Pfählungsverletzung der linken Brustkorbhälfte (s. Text).

wand ist nur ein geringgradiges Unterhautemphysem nachweisbar, während rechts große Gasblasen in der Brustwand (gelbe Pfeile) und eine Rippenfraktur (roter Pfeil) erkennbar sind. Lassen sich solche Befunde ertasten, besteht ein akut lebensbedrohlicher Zustand.

AUSTRETENDES LUNGENBLUT

Tritt „Lungenschweiß" aus einer Wunde am Brustkorb aus, muss die Brustwand perforiert und Lungengewebe verletzt worden sein. Auch dies ist ein akut lebensbedrohlicher Zustand. Das Foto oben zeigt einen Drahthaar-Rüden nach der Einlieferung, der sich bei dem Sturz von einem Baum(!) eine Pfählungsverletzung zugezogen hat. Ein Ast drang über den hinteren Anteil der linken Brustwand in den Thorax und verletzte dabei den linken Zwerchfelllappen. Als Erste Hilfe vor Ort wurde die blutende Wunde mit einem Hautklammergerät verschlossen. Diese Maßnahme hat dem Hund vermutlich das Leben gerettet. Der weiße Pfeil markiert auf dem Bild aus dem Operationsbereich den verletzten Lungenlappen, während der gelbe Pfeil auf das Zwerchfell weist (Foto unten). Im entfernten Lungenlappen konnten Pflanzenteile nachgewiesen werden.

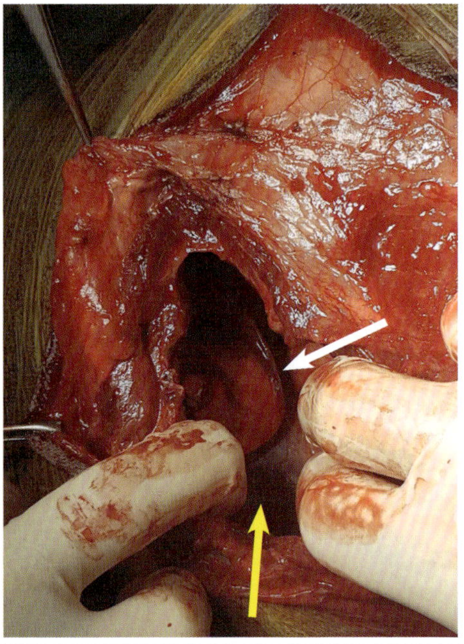

Derselbe Hund: Die Brustwand ist perforiert und ein Lungenlappen verletzt (weißer Pfeil).

AKUTMASSNAHMEN

In der Humanmedizin werden zur Notfallversorgung perforierender Thoraxverletzungen sogenannte Thoraxpflaster (englisch „chest seal") mit und ohne Ventil eingesetzt. Bei Hunden ist der Einsatz dieser Pflaster wegen der Behaarung kaum sinnvoll möglich. Um die Wunde mit dem Pflaster luftdicht verschließen zu können, müsste der Bereich um die Wunde großflächig von Haaren befreit und ggf. noch entfettet werden. Dies ist unter Feldbedingungen aber nicht ausreichend schnell und gründlich umzusetzen.

FOLIENVERBAND

Besser ist es, die Wunde mit einem – wenn möglich sterilen – Tupfer abzudecken und den Brustkorb mit Frischhaltefolie mehrfach zu umwickeln. Dabei sollten auch einige Bahnen um den Hals und zwischen den Vordergliedmaßen geführt werden, um ein Abrutschen des Verbands in Richtung Bauchraum zu verhindern. Mit dieser Methode lässt sich sehr zügig ein relativ dichter Brustverband anlegen. Das darf aber nicht so fest geschehen, dass der Verband die Atembewegung des Hundes behindert. Anschließend muss der Hund bis zum Eintreffen in einer tierärztlichen Einrichtung kontinuierlich überwacht werden. Dabei sind die Beurteilung der Schleimhautfarbe der Zunge, der Atemtyp und die Atemfrequenz von besonderer Bedeutung.

LAGERUNG DES HUNDES

Die Körperhaltung, die der verletzte Hund bei Bewusstsein einnimmt, sollte akzeptiert werden. Dies ist in aller Regel die Lage, in der er am besten atmen kann und die wenigsten Schmerzen hat. Ist der Hund bewusstlos und nur eine Seite seines Thorax verletzt, wird er nach der Erstversorgung auf der verletzten Seite oder in Brust-Bauch-Lage gelagert. Sind beide Brustkorbhälften verletzt, wird er in Brust-Bauch-Lage positioniert. Zeitgleich können Kopf und Brustkorb leicht angehoben werden. Zudem kann man den Hund auf ein schräges Brett legen oder Kopf und Brustkorb z. B. mit Decken unterpolstern. Diese Maßnahmen dienen dazu, dem Tier die Atmung soweit wie möglich zu erleichtern.

Patienten mit einer wahrscheinlichen oder offensichtlichen perforierenden Brustkorbverletzung sind nach der Erstversorgung und entsprechender Ankündigung schnellstmöglich einer tierärztlichen Einrichtung mit entsprechender personeller und technischer Ausstattung vorzustellen.

Vorbeugen ist besser als heilen: Das Tragen von Schlagschutzwesten vermindert das Risiko von perforierenden Thoraxverletzungen für die eingesetzten Jagdhunde beträchtlich.

ACHTUNG

Ein klassischer Verband aus Watterollen, Mullbinden und elastischen Binden ist bei perforierenden Thoraxverletzungen nicht sinnvoll. Zum einen dauert das Anlegen ohne entsprechende Übung sehr lange, zum anderen – noch entscheidender – verschließt ein solcher Verband eine perforierende Brustkorbwunde nicht ausreichend luftdicht.

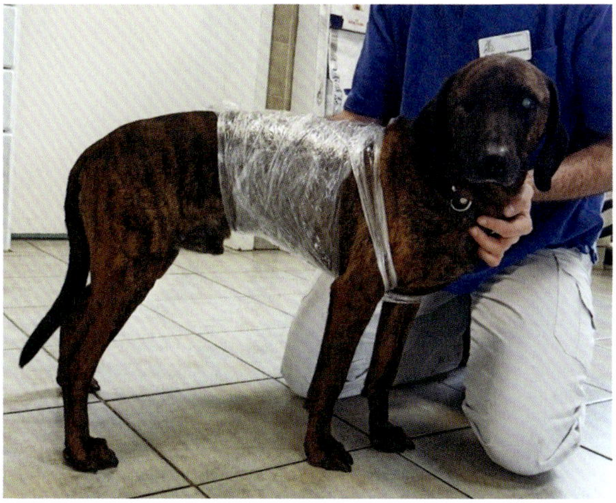

Thoraxverband aus Frischhaltefolie.

PERFORIERENDE VERLETZUNGEN DER BAUCHHÖHLE

Bei perforierenden Verletzungen der Bauchhöhle (Abdomen) werden alle Schichten der Bauchwand durchtrennt und je nach Traumaursache und Stärke können zusätzlich auch die in der Bauchhöhle liegenden Organe wie z. B. Leber, Milz, Darm oder Blase verletzt werden.

VARIANTEN UND GEFAHREN

NEKROSEN BEI EINGEWEIDEVORFALL

Fallen Eingeweide durch die perforierende Wunde vor, besteht die Gefahr zusätzlicher Verletzungen und/oder des Absterbens (Nekrose) des vorgefallenen Gewebes. Besonders groß ist das Risiko für eine Nekrose des vorgefallenen Gewebes, wenn die Wunde der Bauchdecke nur klein ist, denn hierbei kann es zu einer sogenannten hämorrhagischen Infarzierung, einer Form des Gewebeinfarkts, kommen. Sie entsteht durch eine Störung des venösen Rückflusses bei einer vorhandenen arteriellen Blutzufuhr.
Diese Störung lässt das vorgefallene Gewebe zunehmend anschwellen, was den venösen Abfluss immer weiter erschwert. So entsteht ist ein Teufelskreis, in dessen Folge es durch eine Sauerstoffunterversorgung zum Absterben des vorgefallenen Gewebes kommt, da auch der arterielle Blutzufluss irgendwann zum Erliegen kommt.

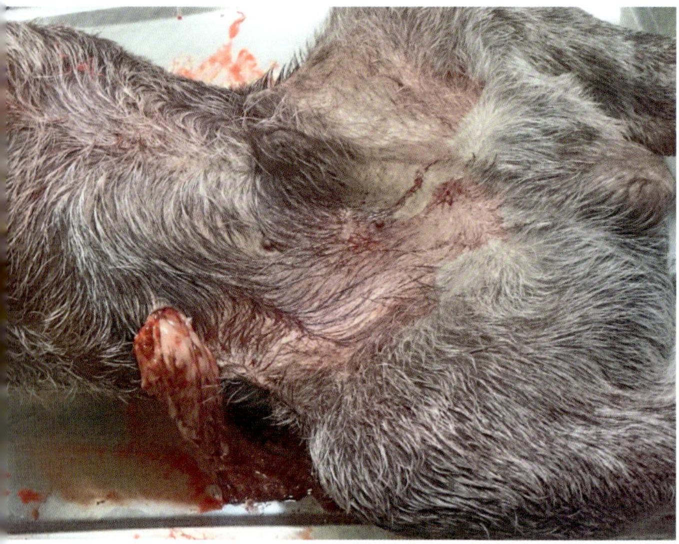

Drahthaar-Rüde mit perforierender Bauchhöhlenverletzung vor der rechten Kniefalte. Teile des Gekröses sind vorgefallen.

BAUCHFELLENTZÜNDUNG

Eine weitere ernst zu nehmende Gefahr bei perforierenden Verletzungen der Bauchhöhle ist die Entstehung einer Bauchfellentzündung (Peritonitis) durch bakterielle Infektionen. Unbehandelt kann eine Peritonitis zur Sepsis und schließlich zum Tod des Patienten führen.

AUSLÖSER

Ursachen für perforierende Bauchhöhlenverletzungen bei Jagdhunden sind die gleichen, wie bei perforierenden Brustkorbverletzungen (S. 60) aufgeführt. Hauptursachen sind also auch hier Stichverletzungen durch Sauen, Bisswunden, oft durch Artgenossen, sowie Pfählungs- und Schussverletzungen.

STICHVERLETZUNGEN DURCH SAUEN

Zu den typischen Verletzungsmustern durch die gebogenen Schwarzwildwaffen gehört auch hier, dass die sichtbare Hautwunde nicht deckungsgleich mit der eigentlichen Verletzung der Bauchwand und der Durchmesser der Wunden nur gering ist. Beim Zurückziehen der Hauer werden oft Anteile des Gescheides aus der Wunde gezogen (s. Foto S. 66), was das Risiko einer hämorrhagischen Infarzierung impliziert. Gelegentlich treten bei diesen Stichverletzungen auch Traumata der Bauchhöhlenorgane wie z. B. Perforationen des Darms auf. In seltenen Fällen wird die Bauchdecke durch Wildschweine auch über eine längere Strecke eröffnet. Hier kann es zum massiven Vorfall von Bauchhöhlenorganen kommen. Das Risiko einer hämorrhagischen Infarzierung ist dabei gering, umso höher dafür das sekundäre Verletzungsrisiko der vorgefallenen Organe.

BISSVERLETZUNGEN

Zu perforierenden Bissverletzungen der Bauchhöhle durch andere Hunde kommt es in aller Regel nur dann, wenn ein großer Hund einen kleinen Hund packt und beutelt. Und wie für Brustkorbverletzungen gilt: Das Risiko schwerer Traumata und vor allem einer Verletzung von Bauchhöhlenorganen ist hier deutlich höher als bei Stichverletzungen durch Schwarzwild. Nieren und Harnleiter sind dabei besonders häufig betroffen, da der größere Hund in der Regel über dem kleinen steht und diesen so zumeist in den Rücken beißt.
Die Fotos rechts (Mitte und unten) zeigen einen Dackel, der von einem Drahthaar gebissen wurde. Man erkennt auf dem Foto in der Mitte die Einbisse an der rechten, unteren Brustwand direkt hinter dem Vorderlauf. Auf dem Foto unten ist die gleichzeitige Eröffnung der Brust- und der Bauchhöhle sichtbar.

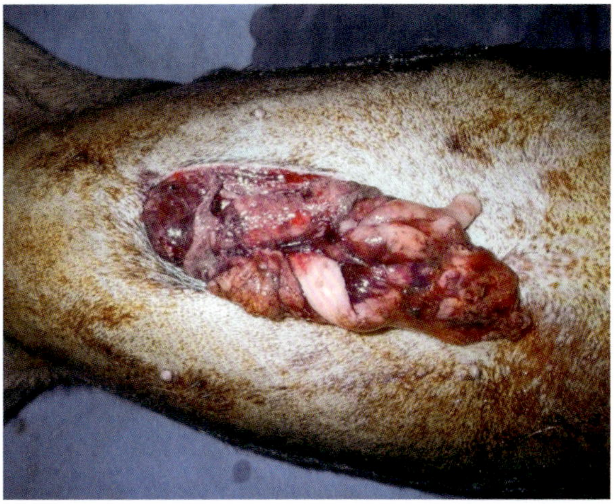

Ist die Bauchdecke durch z. B. ein Wildschwein über eine längere Strecke eröffnet, droht ein massiver Eingeweidevorfall.

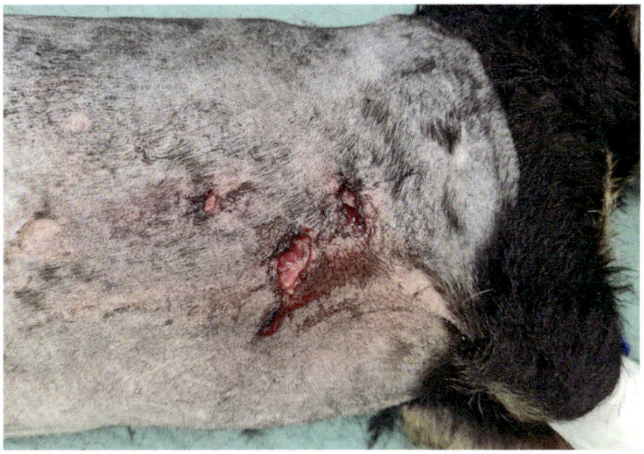

Diesen Teckel packte ein Deutsch Drahthaar von oben. Deutlich zu sehen sind die Einbisse in der rechten Brustwand.

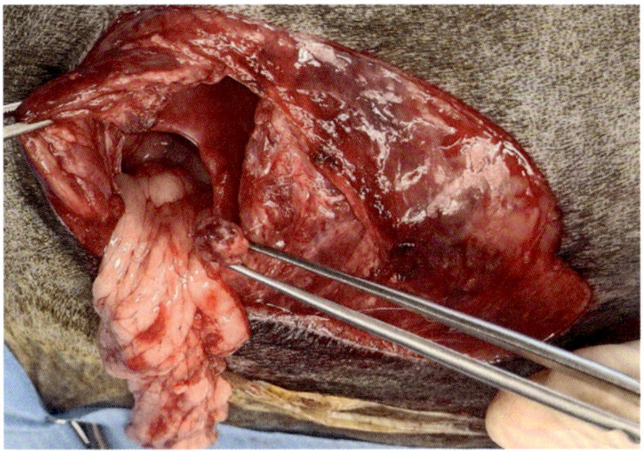

Zusammenhangstrennung des Zwerchfells mit Gekrösevorfall, Brust- und Bauchhöhle sind eröffnet.

ACHTUNG
Kehrt ein Hund verletzt und z. B. von einer Sau geschlagen zurück, ist immer auch zu bedenken: Perforierende Bauchhöhlenverletzungen können durchaus zusammen mit perforierenden Brustkorbverletzungen auftreten!.

PFÄHLUNGSVERLETZUNGEN

Im Bereich der Bauchhöhle sind Pfählungsverletzungen selten. Das Ausmaß des Traumas hängt wiederum stark von der Lage der Perforation ab sowie von der Eindringtiefe, der Größe und Form des Gegenstandes, der in die Bauchhöhle eingedrungen ist. Wenn Pfählungsverletzungen des Abdomens auftreten, werden häufig auch Bauchhöhlenorgane verletzt.
Und auch bei diesen Verletzungen gilt: Fremdkörper in der Bauchhöhle dürfen immer nur unter tierärztlicher Kontrolle entfernt werden!

SCHUSSVERLETZUNGEN

Bei direkten Treffern der Bauchhöhle mit jagdlicher Munition gilt bedauerlicherweise das Gleiche wie für solche Treffer im Brustraum. Die Verletzungen mit Zerstörung der Bauchwand und der Bauchhöhlenorgane sind meist so gravierend, dass trotz aller medizinischen Maßnahmen das Überleben des Patienten höchst unwahrscheinlich ist.

FESTSTELLUNG

Perforierende Verletzungen der Bauchhöhle ohne Vorfall von Bauchhöhlenorganen sind häufig nur schwer zu erkennen, da wie erwähnt die Wunden in der Haut und der eigentlichen Bauchdecke oft nicht deckungsgleich sind. Klinische Symptome können neben der offensichtlichen Wunde ein aufgekrümmter Rücken, der auf Schmerzen hindeutet, und ein ggf. tastbarer Bauchwanddefekt sein. In seltenen Fällen lassen sich vorgefallene Organe zwischen Haut und der eigentlichen Bauchwand tasten.

DROHENDE BAUCHFELLENTZÜNDUNG

Wird die perforierende Verletzung der Bauchhöhle nicht erkannt und behandelt, kann innerhalb kurzer Zeit eine Peritonitis entstehen – bei einer perforierenden Verletzung kommt es fast immer zu einer bakteriellen Infektion. Symptome können eine verminderte Futteraufnahme bis zur vollständigen Futterverweigerung, ein reduziertes Allgemeinbefinden, Erbrechen, Fieber und ein schmerzhaftes Abdomen sein.
Wenn, wie auf den Fotos S. 66 und S. 67 oben, vorgefallenes Gewebe bei einer Bauchwandverletzung zu erkennen ist, ist die Diagnosestellung einfach.

AKUTMASSNAHMEN

Bei Verletzungen der Bauchwand mit vorgefallenen Bauchhöhlenorganen besteht die wichtigste Aufgabe der Ersten Hilfe darin, diese Organe vor weiteren Verletzungen zu schützen. Dies gelingt am besten, indem man das vorgefallene Gewebe feucht hält und mit einem Bauchverband vor weiteren Verletzungen und Kontaminationen schützt.

REINIGUNG UND VERBAND

Ist das vorgefallene Gewebe stark kontaminiert, sollte es mit steriler, körperwarmer Natriumchlorid-Lösung oder Ringer-Lösung gespült werden. Danach wird es mit sterilen, feuchten Kompressen abgedeckt und mit einem Verband vorsichtig fixiert. Als Verbandsmaterial bietet sich genau wie bei dem Brustkorbverband Frischhaltefolie an. Diese wird einfach in mehreren Lagen um den Bauchraum gewickelt, wobei kein großer Druck auf die vorgefallenen Organe ausgeübt werden darf.

Stehen keine sterilen Spüllösungen und sterilen Kompressen zur Verfügung, können alternativ auch Trinkwasser – das Wasser sollte zumindest nicht eiskalt, darf aber auch nicht zu warm sein – und weiche, fusselfreie Tücher wie z. B. ein Küchentuch oder ein Fleece-Schal verwendet werden. Das Feuchthalten und der Schutz der vorgefallenen Organe hat Vorrang vor Sterilität, da das vorgefallene Gewebe bei der operativen Versorgung in jedem Fall entsprechend gespült werden wird.

Wie bei vielen Verletzungen gilt auch hier: Hunde mit einer wahrscheinlichen oder offensichtlichen perforierenden Bauchhöhlenverletzung sind nach der Erstversorgung natürlich schnellstmöglich vorab informierten Tiermedizinern vorzustellen, die personell und technisch auf derartige Notfälle eingerichtet sind.

Und noch etwas gilt für perforierende Bauchhöhlenverletzungen gleichermaßen wie für Thoraxverletzungen: Schlagschutzwesten verringern das Risiko solcher Verletzungen für die eingesetzten Jagdhunde deutlich.

KEINE ORGANRÜCKVERLAGERUNG!

Vorgefallene Organe zurückzuverlagern (Reposition) ist, insbesondere bei kleineren Wunden, meist nicht ohne Erweiterung der Wunde möglich und sollte daher unterlassen werden. Zudem besteht bei einem Repositionsversuch auch immer die Gefahr, die vorgefallenen Organe zu verletzen und dem Hund unnötige Schmerzen zuzufügen.

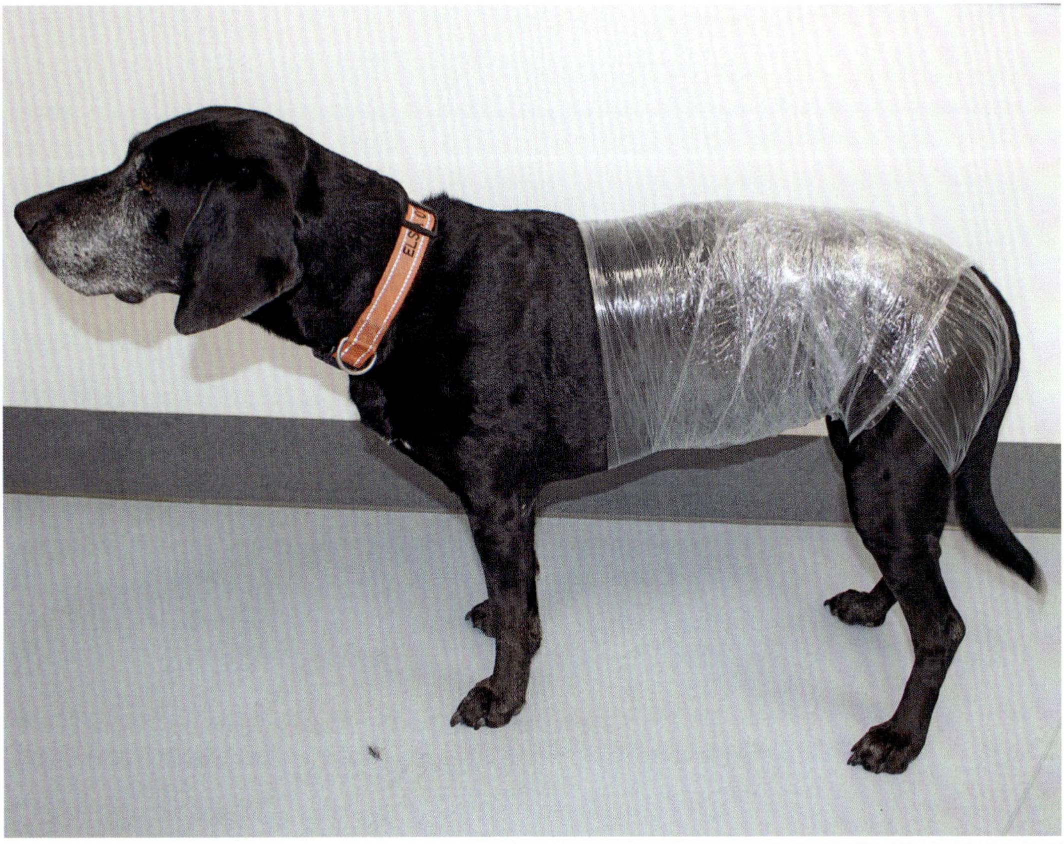

Auch Bauchhöhlenverletzungen lassen sich gut mit Frischhaltefonie verbinden.

KOPF, GLIEDMASSEN UND WIRBELSÄULE

VERLETZUNGEN IM KOPFBEREICH

Der Kopf des Hundes ist ein sehr komplexes Gebilde, das aus einer großen Anzahl unterschiedlicher Organe mit jeweils spezifischen Funktionen auf engem Raum besteht. Zu ihnen gehören neben den Sinnesorganen auch Strukturen, die der Atmung und Nahrungsaufnahme dienen.

Die knöchernen Strukturen des Kopfes lassen sich in den Hirnschädel, in dem das Gehirn geschützt liegt, und den Gesichtsschädel mit dem Kiefer unterteilen. Sie weisen mehrere Höhlen wie z. B. die Augenhöhlen, die Mundhöhle und die Nasen- sowie Nasennebenhöhlen auf.

Erwähnenswert ist auch die Gefäßversorgung des Ohres: Sie weist zwei große, oberflächliche Gefäße auf. Zum einen die Ohrarterie *(Arteria auricularis)*, welche mittig an der Außenseite der Ohrmuschel verläuft, sowie die Ohrrandvene *(Vena auricularis)*, die an der Außenkante der Ohrmuschel liegt. Aufgrund der räumlichen Nähe der unterschiedlichen Organe am Kopf können selbst kleine Verletzungen großen Schaden anrichten. Deshalb ist bei Verletzungen im Kopfbereich besondere Aufmerksamkeit zwingend.

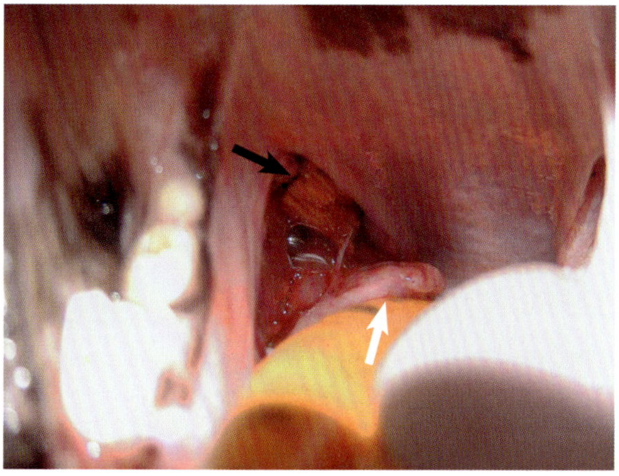

Blick in einen Hunderachen: im Hintergrund ein Holzstück (schwarzer Pfeil), davor die verletzte rechte Tonsille (Mandel).

JAGDHUNDTYPISCHE VERLETZUNGEN

Aufgrund der Komplexität des Kopfes existiert eine entsprechende Vielzahl an möglichen Verletzungen im Kopfbereich. Bei Jagdhunden gibt es gleichwohl bestimmte Verletzungsmuster, die gehäuft auftreten.

FREMDKÖRPER UND BISSVERLETZUNGEN

Pflanzliche Fremdkörper in Nase, Rachen, Ohren und Augen bei Hunden, die in z. B. Brombeerverhauen eingesetzt werden, sind keine Seltenheit. Hier reicht das Spektrum von Kletten, die im Fell festhängen, sowie Grannen in Nase und Ohren über Pfählungsverletzungen im Rachenraum bis hin zu Perforationen der Hornhaut *(Cornea)*. Hunde, die bei der Baujagd eingesetzt werden, weisen oft schwere Bissverletzungen im Bereich von Fang und der Nase auf. Gelegentlich kommt es dabei auch zu Frakturen des Unterkiefers und/oder der Knochen, welche die Nasenhöhle bilden.

ABLEDERUNGEN

Weitere typische Verletzungen sind Ablederungen, das heißt tangential abgescherte und vom Knochen getrennte Haut am Unterkiefer, wie sie exemplarisch auf dem Foto rechts oben gezeigt werden. Der Deutsch-Drahthaar-Rüde auf diesem Foto wurde von einem Keiler geschlagen, die seitlich auf den Unterkiefer einwirkenden Kräfte führten zur Ablederung der Haut. Nach ausgiebiger Reinigung der Wundflächen wurde die abgelederte Haut mit nicht resorbierbarem Nahtmaterial über Bohrkanäle durch den Unterkieferknochen am Unterkieferknochen fixiert.

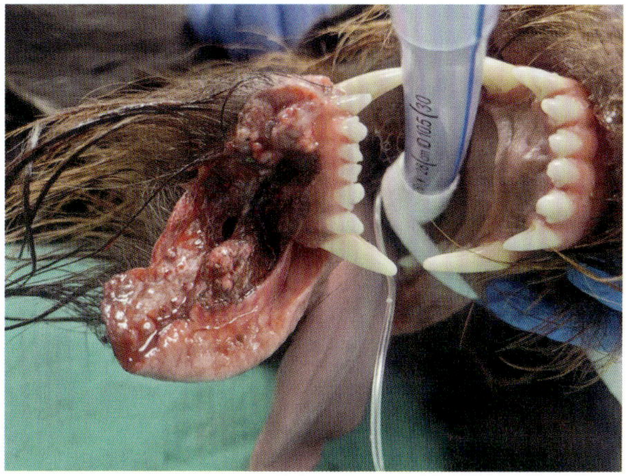

Ablederung am vorderen Unterkiefer eines Deutsch-Drahthaar-Rüden. Die Wunde ist hochgradig kontaminiert.

SCHÄDELBRÜCHE, GEHIRNERSCHÜTTERUNG

Durch Bissverletzungen, Stürze und Verkehrsunfälle kann es in seltenen Fällen zu schwerwiegenden Frakturen der Schädelknochen kommen. Das Foto rechts unten zeigt einen Hannoverschen Schweißhundwelpen nach einer Bissverletzung im Kopfbereich mit einem massiven Bluterguss in der linken Augenhöhle, der zu einem Hervortreten des Augapfels führte. Die Fraktur des Jochbeinbogens wurde chirurgisch versorgt. Gehirnerschütterungen und Traumata im Kopfbereich sind ebenfalls möglich.

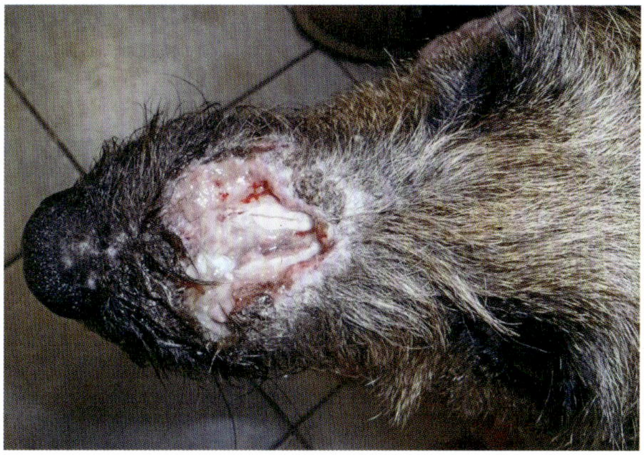

Terrier, im Bau u. a. in den Nasenrücken gebissen. Im Frakturspalt des Nasenbeins hat sich schon Granulationsgewebe gebildet.

UNTERSUCHUNG DES KOPFES

Die Untersuchung des Kopfes beginnt mit dessen Betrachten (Adspektion) von allen Seiten. Hierbei wird auf offensichtliche Verletzungen, mögliche Schwellungen, den Speichelfluss, eventuell vorhandene Fremdkörper und die Symmetrie des Schädels geachtet. Schwellungen oder Asymmetrien können ein Hinweis auf ein stumpfes Trauma sein. Ein vermehrter Speichelfluss deutet häufig auf Verletzungen oder Fremdkörper im Fang hin.

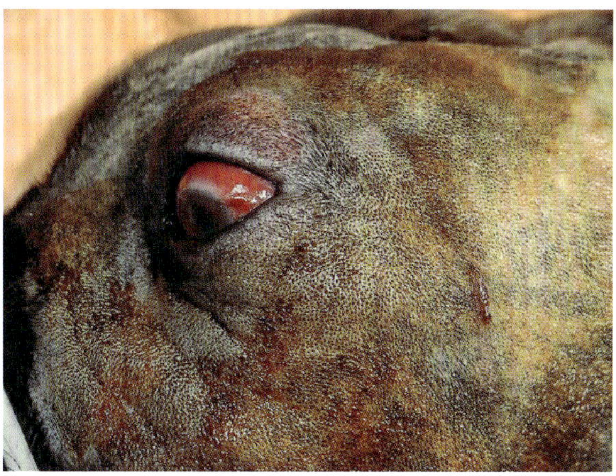

Auge eines Schweißhundwelpen nach einem Biss. Es ist hervorgetreten und zeigt eine Blutung unter der Bindehaut.

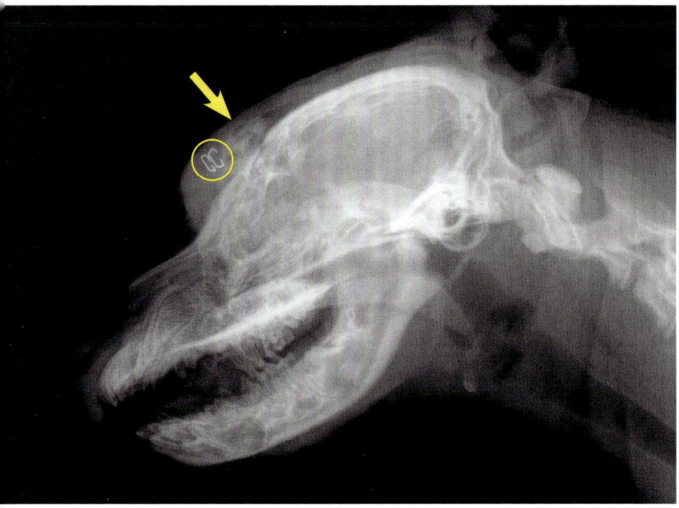

Röntgenbild des Welpenschädels. Der Pfeil markiert eine Stirnbeinfraktur. Ein Ersthelfer setzte zwei Hautklammern (Farbring).

Bei der Adspektion der Augen ist neben den Aspekten, auf die bereits im Abschnitt „Allgemeinverhalten" (S. 21) hingewiesen wurde, auf folgende Punkte besonders zu achten:

- den Bindehäuten (Konjunktiven),
- dem Tränenfluss,
- der Augenlidstellung bzw. der Augenlidbewegung sowie
- der Hornhaut.

BETRACHTUNG

Vermehrter Tränenfluss, das Zusammenkneifen der Augenlider (Blepharospasmus) oder ständiges Blinzeln sowie Juckreiz am Auge sind Hinweise auf mögliche Fremdkörper und müssen Anlass für eine genauere Untersuchung dieses Auges sein. Die Hornhaut beider Augen wird sowohl von der Seite als auch von vorn betrachtet. Oberflächliche Verletzungen der Hornhaut stellen sich oft als schwach sichtbare Linien oder Punkte dar. Weiße Punkte sind oft ein Hinweis auf eine Perforation der Hornhaut. Fremdkörper wie z. B. Brombeerstacheln, die in der Hornhaut stecken, lassen sich zumeist gut erkennen. Außerdem sollte auch ein Blick in beide Gehörgänge und in den Fang geworfen werden.

ABTASTEN

Nach der Adspektion folgt das vorsichtige Abtasten des Kopfes (Palpation). Dabei achtet man auf Schwellungen und Asymmetrien sowie schmerzbedingte Reaktionen des Hundes. Spürt man beim Abtasten des Schädels und/oder des Unterkiefers ein Knirschen (Krepitation), liegt der Verdacht einer Fraktur nahe. Auch sollte der Kieferschluss geprüft werden. Ist er nicht oder nur teilweise gegeben, ist dies auch ein Hinweis auf mögliche Frakturen oder eine Ausrenkung des Kiefers.

AKUTMASSNAHMEN

FREMDKÖRPER ALLGEMEIN

Kletten müssen zügig entfernt werden: Wenn nämlich Hunde versuchen, Kletten selbst zu entfernen, kommt es häufig zu Verletzungen der Maulschleimhaut und der Lefzen. Befinden sich Fremdkörper in einem Gehörgang, kann versucht werden, diese vorsichtig herauszuziehen. Ist dies nicht ohne großen Aufwand oder nur mit Schmerzen für den Hund möglich, sollte der Fremdkörper besser belassen und tiermedizinische Hilfe in Anspruch genommen werden. Gleiches gilt für Fremdkörper im Rachenraum und der Nase.

FREMDKÖRPER IM AUGE

Befindet sich ein loser Fremdkörper im Auge, kann als Erste-Hilfe-Maßnahme versucht werden, ihn mit lauwarmem Wasser

> **ACHTUNG**
>
> Bei Frakturen im Schädelbereich darf kein Versuch unternommen werden, die Fragmente in ihre anatomisch korrekte Position zu bringen. Das Risiko weiterer Verletzungen ist unverhältnismäßig hoch.

auszuspülen. Fremdkörper, die in der Hornhaut feststecken, dürfen jedoch nicht entfernt werden! In diesem Fall muss auch unbedingt verhindert werden, dass der Hund sich am betroffenen Auge kratzt!
Grundsätzlich sollte bei Fremdkörpern im Auge und/oder bei Verletzungen der Augen schnellstmöglich eine tierärztliche Einrichtung aufgesucht werden, um das genaue Ausmaß der Verletzung zu bestimmen. Je nach erhobenem Befund muss der Hund ggf. zusätzlich in einer auf Augenerkrankungen spezialisierten Einrichtung für weitere Diagnostik und Therapie vorgestellt werden.
Wenn eine perforierende Verletzung der Hornhaut frühzeitig erkannt und korrekt therapiert wird, ist das verletzte Auge häufig zu retten! Daher gilt hier der Grundsatz: Lieber ein Mal zu viel beim Tierarzt, als ein Mal zu wenig!

VERSORGUNG VON KOPFWUNDEN

Kopfwunden werden gereinigt, wie in „Versorgung kleinerer Wunden" S. 94 ff.) beschrieben. Bei dem Einsatz von Desinfektionsmittel ist darauf zu achten, dass diese Mittel nicht in die Augen des Hundes gelangen. Auch ein Kopfverband (s. u.) kann ggf. angelegt werden, um eine Wunde vor weiterer Schädigung und/oder Kontamination zu schützen.
Wunden in Augennähe temporär mit einem Hautklammergerät zu verschließen, hat zu unterbleiben: Zu groß ist die Gefahr einer möglichen Verletzung des Auges selbst.

WUNDEN AN DEN BEHÄNGEN

Bei stark blutenden Verletzungen an den Behängen kann mit einfachen Mitteln ein effektiver Druckverband angelegt werden. Dazu wird der betroffene Behang um eine

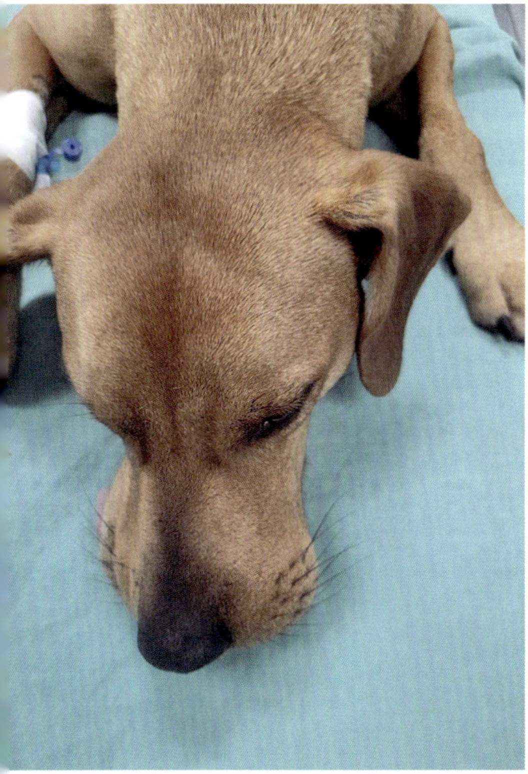

01

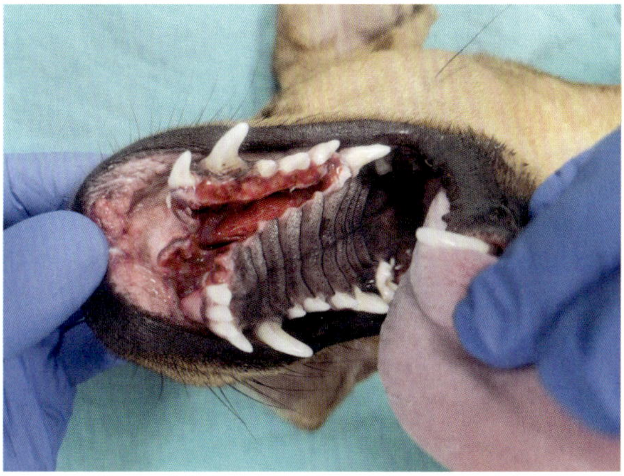

02

01 Junghundkopf nach einem Pferdetritt: Die linke Lefze scheint verdickt oder nach außen gedrückt.

02 Blick auf den gebrochenen Oberkiefer desselben Hundes. Beim Abtasten des Schädels war ein deutliches Aneinanderreiben von Knochen zu spüren und hören.

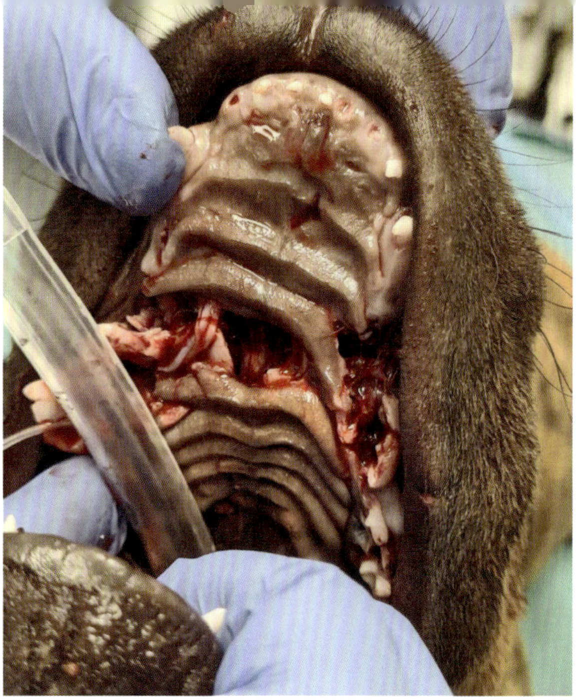

01

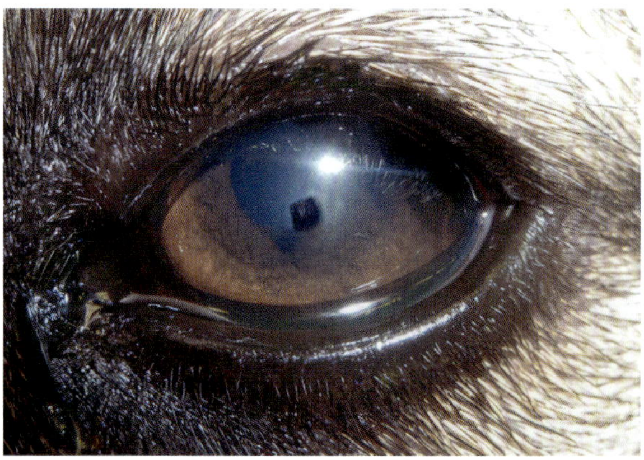

02

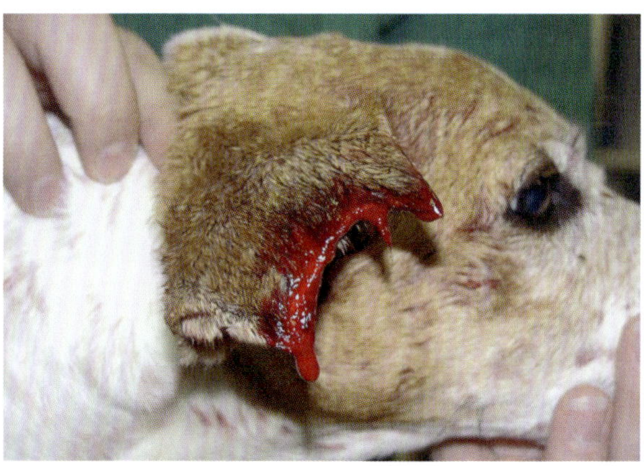

03

Mullbinde (am besten in ihrer Plastikverpackung!) gelegt, mit einer weiteren Mullbinde fest umwickelt und mit einem Stück Rollenpflaster fixiert.

Dieser Druckverband allein würde so jedoch nicht lange halten, da die Hunde in aller Regel versuchen, den sie störenden Verband durch Schütteln oder Kratzen zu entfernen. Um dies zu verhindern, wird ein Kopfverband angelegt. Dabei wird das verletzte Ohr nach hinten oder unten abgeklappt und der Kopf anschließend zuerst mit Watte und anschließend mit Mullbinden sowie elastischen Binden umwickelt. Wichtig ist, dass das unverletzte Ohr nicht in den Verband mit eingebunden wird. Dieses Vorgehen mindert die Gefahr, dass der Verband einfach verrutscht.

Mit einem Schlauchverband kann man den gleichen Effekt mit weniger Material erzielen, allerdings ist ein passender Schlauchverband im Notfall meist nicht vorhanden. Als Alternative für den Schlauchverband kann man auch eine Socke passender Größe nach Abtrennen des Fußendes verwenden.

01 Mehrfachbruch eines Welpenoberkiefers infolge eines Bisses. Hier darf ein Ersthelfer die Lage der Knochen nicht verändern.

02 Fremdkörper in der Hornhaut, damit ist nicht zu spaßen. So schnell wie möglich zum Tierarzt oder in die Tierklinik!

03 Stark blutende Wunde am Ohr eines Hundes nach einer Beißerei.

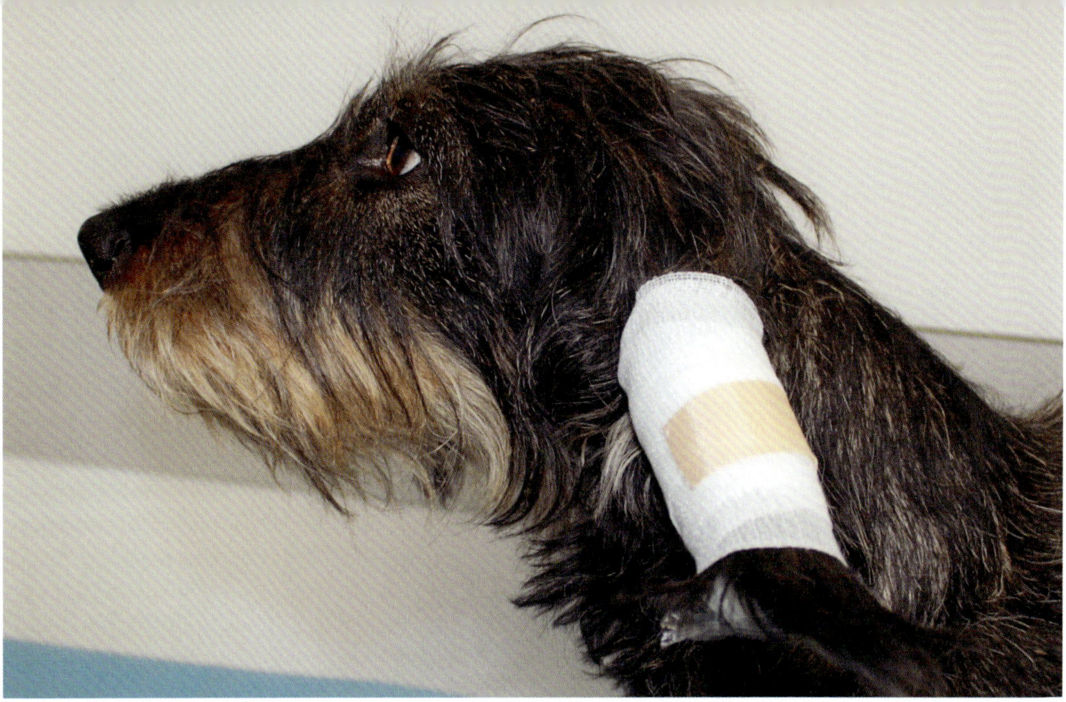

01

02

03

04

01 Druckverband am Behang eines Teckels.

02 Ein zusätzlicher Kopfverband verhindert, dass der Hund den Behangverband entfernt.

03 Wichtig ist: Der gesunde Behang bleibt frei.

04 In einen Schlauchverband wird ein Loch für den gesunden Behang geschnitten.

VERLETZUNGEN DER GLIEDMASSEN

Auf den folgenden Seiten werden einige im Jagdbetrieb häufiger auftretende Verletzungen der Gliedmaßen und der Wirbelsäule vorgestellt, die für die Erste Hilfe von Bedeutung sind. Die Aufzählung erhebt keinen Anspruch auf Vollständigkeit, um den Rahmen des Buchs nicht zu sprengen. Nicht behandelt werden z. B. Muskeltraumata wie die bei Jagdhunden öfter auftretende Kontraktur des *Musculus infraspinatus*, eine dauerhafte Bewegungs- und Funktionseinschränkung eines Schultermuskels.
Die in diesem Kapitel beschriebenen Verletzungen der Gliedmaßen und der Wirbelsäule sind in aller Regel traumatischer Natur.

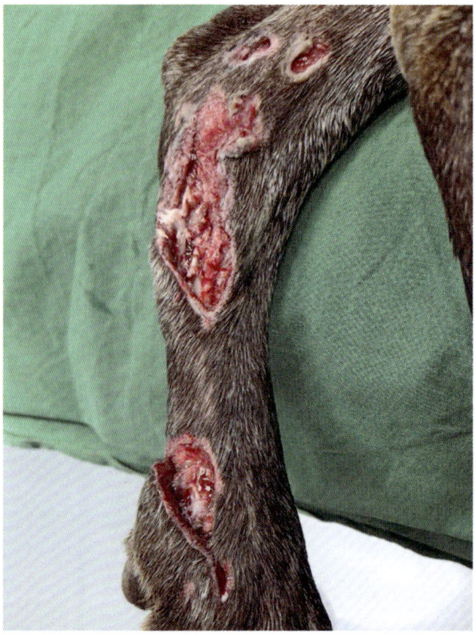

Laufverletzungen bei Jagdhunden haben i. d. R. eine traumatische Ursache.

Typische Ursachen für diese Verletzungen sind Verkehrsunfälle, Stürze aus größerer Höhe, Bissverletzungen sowie Schussverletzungen.
Insbesondere bei Bewegungsjagden lässt sich häufig die genaue Ursache des Traumas im Nachgang nicht mehr eruieren, da die Hunde nicht unter ständiger Beobachtung stehen. Umso wichtiger ist es, sich bei einem lahmenden Hund nicht nur auf die offensichtlich verletzte(n) Gliedmaße(n) zu konzentrieren, sondern immer das gesamte Tier zu untersuchen (s. „Klinische Untersuchung – ‚Ein-Minuten-Diagnose'", S. 20).

KNOCHEN

AUFGABE BLUTBILDUNG

Knochen gehören zum passiven Bewegungsapparat und bilden in ihrer Gesamtheit das Skelett von Wirbeltieren.
Aufgaben und damit auch die Formen der Knochen sind vielfältig und unterliegen im Laufe des Lebens zudem auch einem Wandel. So ist das rote Knochenmark aller Knochen bei jungen Tieren an der Bildung roter und weißer Blutkörperchen (Erythrozyten und Leukozyten) sowie von Blutplättchen (Thrombozyten) beteiligt, während im Erwachsenenalter das rote Knochenmark der langen Röhrenknochen größtenteils durch das keine Blutzellen mehr produzierende gelbe Knochenmark ersetzt wird.
In der Wachstumsphase eines jeden Wirbeltiers zeigen die Knochen ein deutliches Längen- und Größenwachstum, aber auch nach

dieser Zeit unterliegen sie noch ständigen Auf- und Abbauprozessen. Dies und die Befähigung zur Blutbildung allein zeigen schon, dass Knochen vitale Organe und kein „totes Material“ sind.

SCHÜTZEN UND STÜTZEN

Eine weitere Aufgabe der Knochen ist der Schutz innerer Organe. Die Schädelknochen und der Brustkorb z. B. schützen das Gehirn bzw. Herz und Lunge. Zudem dienen Knochen dem Körper als innere Stütze und ermöglichen zusammen mit Gelenken, Bändern, Sehnen sowie der Muskulatur erst eine gezielte Bewegung.

AUFBAU

Der Aufbau eines Knochens soll hier kurz exemplarisch anhand eines langen Röhrenknochens beschrieben werden. Ein Röhrenknochen besteht aus seinen beiden Knochenenden (Epiphysen) sowie dem Knochenschaft (Diaphyse), in dem sich die Markhöhle befindet. Der Übergang von den Knochenenden zum Schaft wird jeweils Metaphyse genannt. Die sehr feste Knochenrinde (Kortikalis) stellt die Außenfläche des Knochens dar, ein gitternetzartiges Gerüst aus feinen Knochenbälkchen (Spongiosa) bildet sein Inneres. Der Knochen eines ausgewachsenen Hundes besteht zu etwa einem Drittel aus organischem Material und zu zwei Dritteln aus anorganischen Substanzen wie z. B. Kalziumphosphat und Kalziumkarbonat. An den Gelenkflächen ist der Knochen mit Knorpel überzogen, der Rest der äußeren Anteile wird von der Beinhaut (Periost) umschlossen. Alle inneren Anteile des Knochens werden von der inneren Knochenhaut, dem sogenannten Endost, ausgekleidet. Periost und Endost sind für die Schmerzentstehung bei Knochenbrüchen mit verantwortlich. Denn im Gegensatz zur eigentlichen Knochensubstanz besitzen sowohl die Beinhaut als auch das Endost Schmerzrezeptoren, die für ein Schmerzempfinden notwendig sind.

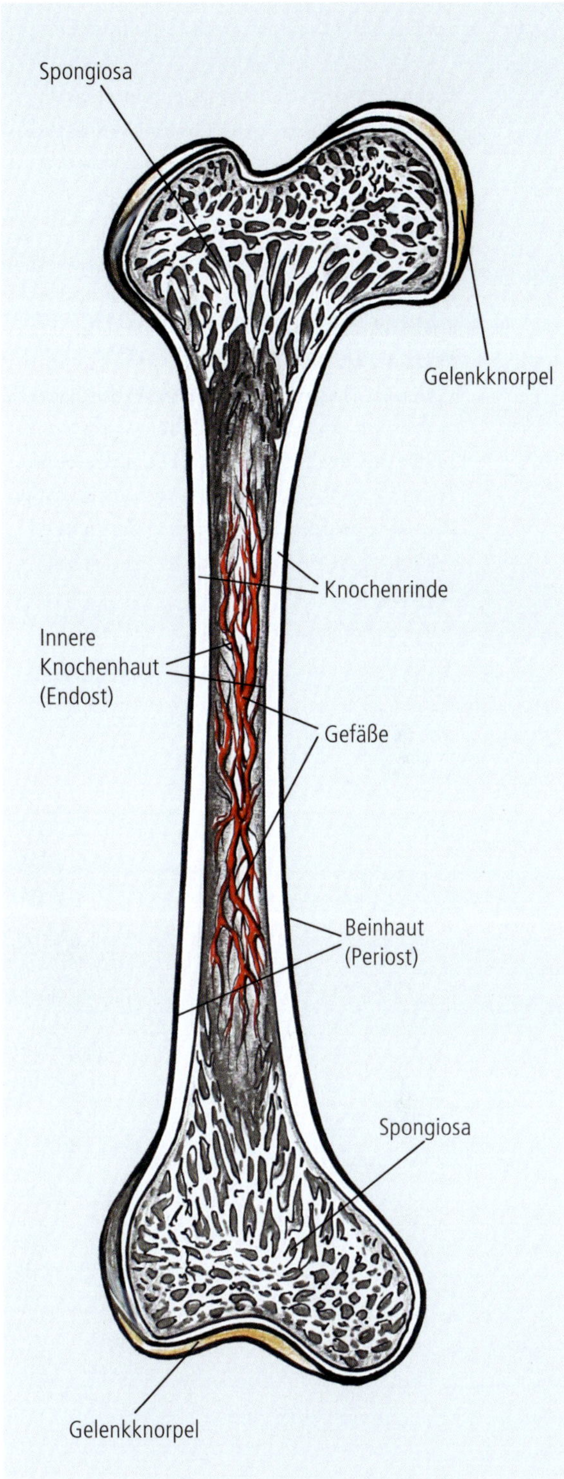

Schematische Darstellung eines langen Röhrenknochens

GELENKE

Gelenke haben die Aufgabe, Knochen zu verbinden, wobei man zwischen echten und unechten Gelenken unterscheiden kann.

UNECHTE GELENKE

Bei unechten Gelenken sind die Knochen durch Bindegewebe oder Knorpelgewebe spaltfrei miteinander verbunden. Dies erklärt die geringe Beweglichkeit unechter Gelenke. Beispiele sind die Verbindungen von den Rippen zum Brustbein, vom Steißbein zum Becken oder der Schädelknochen. Letztere verknöchern wie auch einige andere dieser Verbindungen im Laufe des Lebens vollständig und büßen damit jede Beweglichkeit ein.

ECHTE GELENKE

Echte Gelenke sollen lebenslang eine bewegliche Verbindung von zwei Knochen ermöglichen und besitzen im Gegensatz zu den unechten Gelenken einen Gelenkspalt. Das typische echte Gelenk besteht aus den mit Gelenkknorpel überzogenen Enden von zwei oder mehr Knochen, der Gelenkkapsel, den Gelenkbändern und der Gelenkhöhle.
Zwei unterschiedliche Schichten bilden die Gelenkkapsel. Die innere Schicht *(Membrana synovialis)* weist viele Blut- und Lymphgefäße sowie Nervenzellen auf und produziert die Gelenkschmiere (Synovia), welche die Reibung im Gelenk soweit wie möglich reduziert und den Gelenkknorpel ernährt. Die äußere Schicht *(Membrana fibrosa)* aus kollagenem Bindegewebe entspringt der

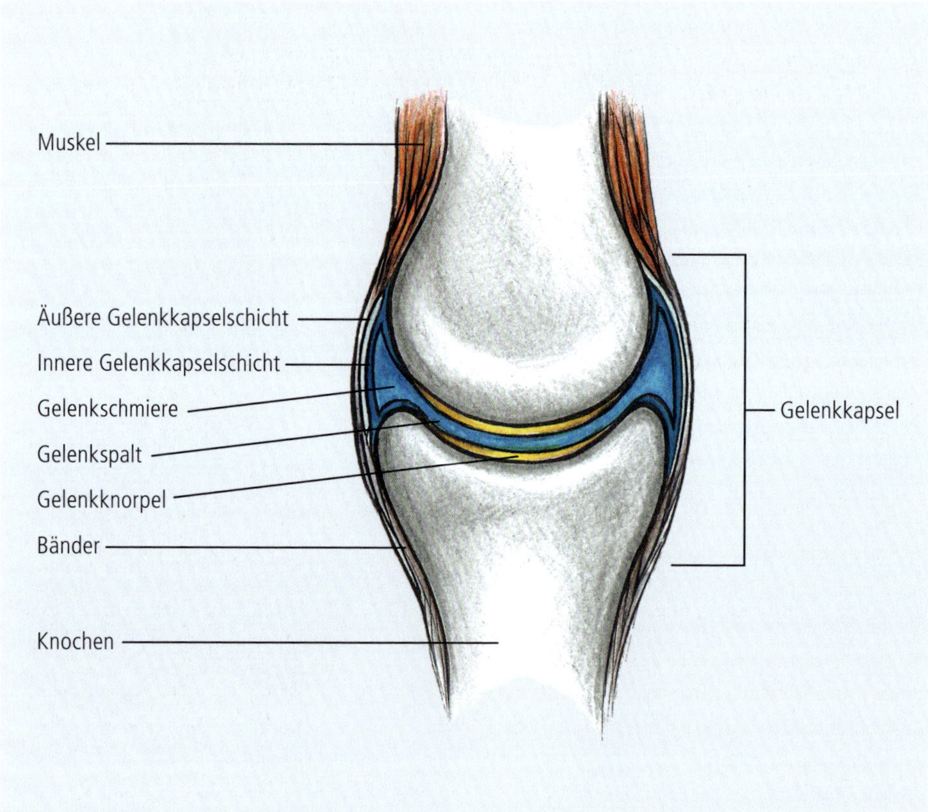

Schematische Darstellung eines Gelenks

Beinhaut am Übergang zum Gelenkknorpel und ist sehr derb. Die Gelenkbänder können in dieser äußeren Schicht oder außerhalb der Kapsel liegen. Sie dienen zur weiteren Stabilisierung des Gelenkes und auch dazu, das Ausmaß der Bewegung einzuschränken. Zusätzlich können Hilfsstrukturen, die das Gelenk in seiner Funktion unterstützen, wie u. a. Schleimbeutel, Gelenktaschen und Gelenkzwischenscheiben vorhanden sein. Bekannte Beispiele für Gelenkzwischenscheiben sind der innere und äußere Meniskus im Kniegelenk sowie die Bandscheiben.

VERLETZUNGSARTEN

VERSTAUCHUNG

Wenn ein oder mehrere Gelenk(e) durch eine äußere Krafteinwirkung stark über den vorgesehenen, physiologischen Rahmen hinaus überdehnt werden, liegt eine Verstauchung vor. Weitere Begriffe hierfür sind Distorsion, Verdrehung oder Zerrung. Überdehnt werden dabei die Kollagenfasern der Gelenkkapsel und/oder eines Bandes bzw. mehrerer Bänder mit nachfolgender Instabilität des betroffenen Gelenkes. Die Gelenkkapsel wird dabei aber nicht durchtrennt. Der Grad der Instabilität hängt von der Stärke des Traumas ab. In selten Fällen kann es auch zu Ausrissen von Knochenfragmenten im Bereich des Bandansatzes kommen.

Symptome

Die Anzeichen einer Distorsion sind eine Gelenkschwellung, häufig starke Schmerzen und ein Hämatom, sprich Bluterguss, wobei Letzteres bei Hunden aufgrund der Behaarung oft nur schwer zu entdecken ist. Auch kann eine vermehrte Gelenkfüllung auftreten. Die Funktion und die Belastbarkeit des verletzten Gelenkes sind meist eingeschränkt. Bei einer vollständigen Durchtrennung der Bänder durch starke Traumata liegt auch

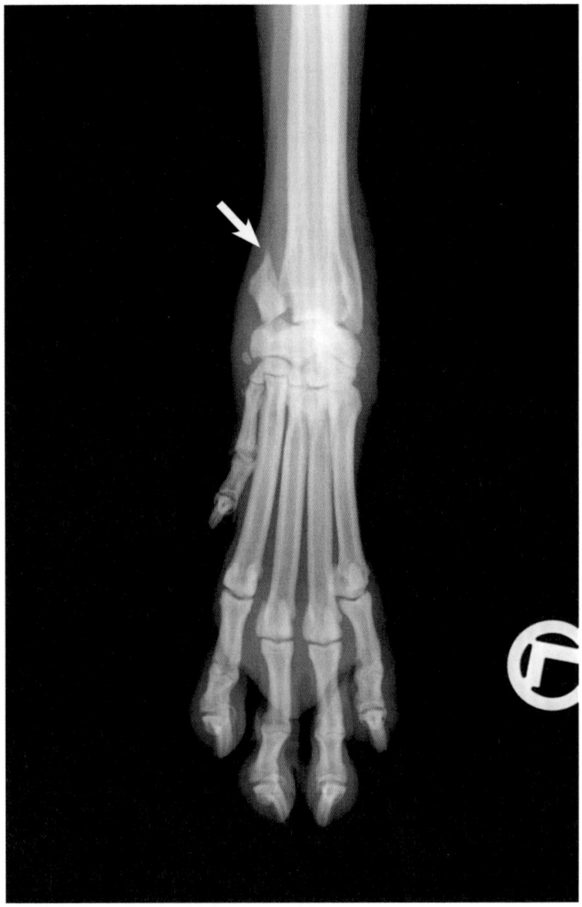

Das Vorderfußwurzelgelenk eines Hundes im Röntgenbild. Der innere Knöchel ist frakturiert, das Gelenk damit instabil.

eine abnorme Beweglichkeit im betroffenen Gelenk vor. Diese lässt sich bei der Erstuntersuchung im Seitenvergleich gut tasten.

AUSRENKUNG

Bei der traumatisch bedingten Ausrenkung, Auskugelung oder Luxation kommt es zu einer Verschiebung der physiologischerweise in Kontakt stehenden Gelenkflächen, wobei die Gelenkkapsel reißt. Ist der Kontaktverlust der Gelenkflächen nicht vollständig, handelt es sich um eine Subluxation.
Bei einer Luxation liegen in der Regel ein Gelenkkapselriss und ein massiver Bandschaden vor. Eine Sonderform der Ausrenkung ist die Luxationsfraktur, bei der ein gelenkbildender

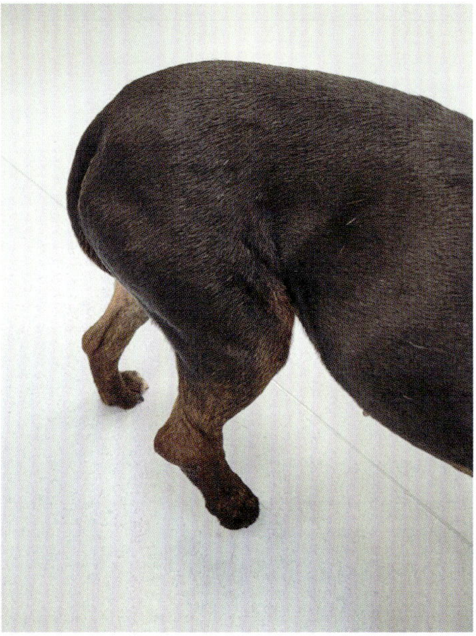

Luxation im rechten Sprunggelenk. Der Lauf wird komplett entlastet und nach innen gedreht.

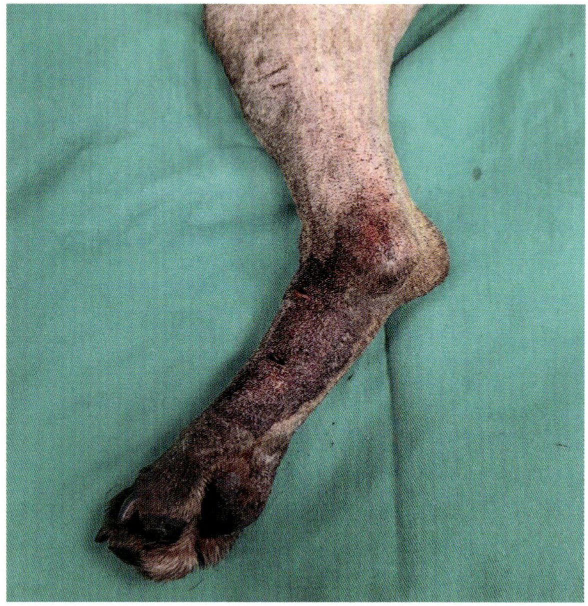

Die Innenseite derselben Hinterpfote nach dem Scheren. Die Wildschweinbisse sind klar zu erkennen.

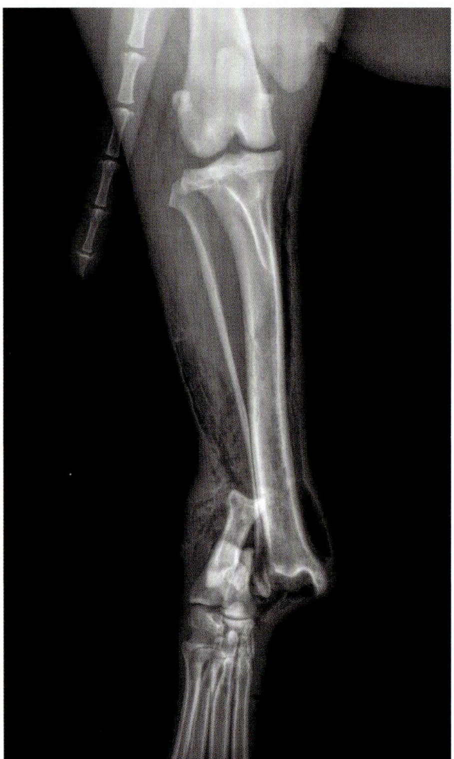

Röntgenbild des verletzten Sprunggelenkes. Die Luxation aus dem Knöchelgelenk ist offensichtlich.

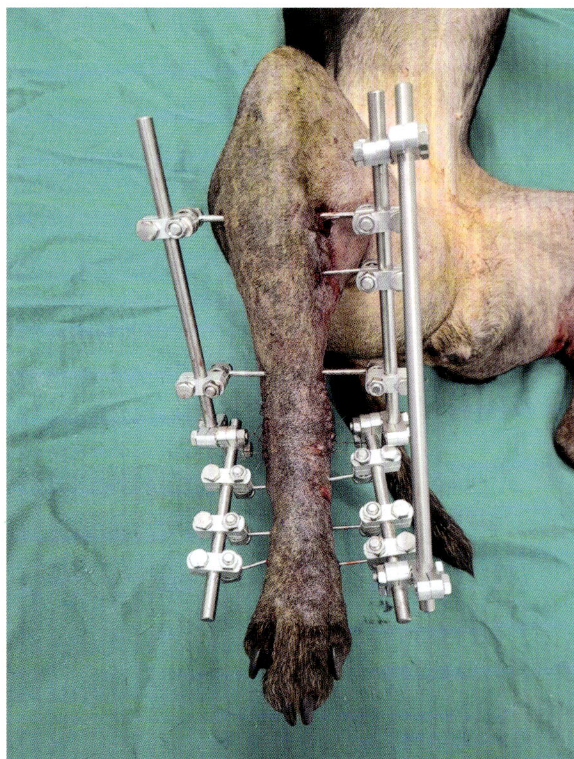

Die Gliedmaße nach der chirurgischen Versorgung mit einem Fixateur externe.

Knochen gebrochen ist damit die Luxation ermöglicht.
Die Fotoserie Seite 82 zeigt die Luxation eines Sprunggelenks bei einer Jagdterrier-Hündin. Eine Sau hatte sich in ihre rechte Hinterpfote verbissen und die Pfote aus dem Knöchelgelenk gerissen. Bei diesem Trauma wurden die Seitenbänder, die Gelenkkapsel sowie das umgebende Weichteilgewebe stark in Mitleidenschaft gezogen.

Symptome

Die klinischen Symptome einer Luxation sind ähnlich denen einer Distorsion. Zusätzlich zu dem Hämatom, den Schmerzen und der Gelenkschwellung können eine unphysiologische Gliedmaßenstellung und ein Funktionsverlust beobachtet werden. Beim Abtasten ist im Seitenvergleich eine Asymmetrie und unter Umständen der luxierte Gelenkkopf oder die leere Gelenkpfanne tastbar.

KNOCHENBRUCH

Eine vollständige oder teilweise Zusammenhangstrennung eines Knochens, bei der zwei oder mehr Fragmente, also Bruchstücke, entstehen, wird als Knochenbruch oder Fraktur bezeichnet. Durch eine vollständige Fraktur geht üblicherweise die stabilisierende Funktion des verletzten Knochens verloren, dies gilt insbesondere für die langen Röhrenknochen der Gliedmaßen.

Frakturarten

Es gibt eine Vielzahl von Einteilungsmöglichkeiten von Frakturen, man kann sie u. a. nach dem betroffenen Knochen, dem Verlauf der Frakturlinie, der Lage und Form der Fraktur und der Anzahl der Fragmente unterscheiden. Weitere Einteilungsmöglichkeiten beziehen sich auf die Ursache der Fraktur, das Ausmaß der Fraktur, die Stellung der Fragmente zueinander, eine mögliche Gelenkbeteiligung sowie das Weichteiltrauma. Neben der klassischen, traumatisch bedingten Fraktur aufgrund einer starken Krafteinwirkung gibt es z. B. auch Ermüdungsfrakturen und pathologische Frakturen.

Ausmaß

Das Ausmaß der Fraktur beschreibt, ob der Knochen komplett oder nur teilweise durchtrennt wurde. Sind die Fragmente des Knochenbruches aus ihrer korrekten Lage verschoben, liegt eine sogenannte dislozierte Fraktur vor. Je stärker die Lageveränderung der Fragmente, umso geringer sind die Stabilität und die Belastbarkeit der Fraktur und damit des Knochens. Zudem können stark dislozierte, scharfkantige Fragmente das den Knochen umliegende Weichteilgewebe schädigen, wobei Verletzungen von großen Blutgefäßen und/oder Nerven zu besonders gravierenden Folgen zählen.
Läuft mindestens eine Bruchlinie durch den Gelenkanteil des Knochens, liegt eine Fraktur mit Gelenkbeteiligung bzw. eine intraartikuläre Fraktur vor. Ist dies nicht so, spricht man von einer Fraktur ohne Gelenkbeteiligung oder einer extraartikulären Fraktur. Geschlossene Fraktur bedeutet, dass die Haut um den Frakturbereich nicht perforiert ist. Wurde die Haut jedoch durch die Knochenfragmente oder das eigentliche Trauma verletzt, liegt eine offene Fraktur vor.

INKOMPLETTE OSSIFIKATION DES *CONDYLUS HUMERI* (IOCH)

Die Fraktur des Gelenkkopfes *(Condylus humeri)* vom Oberarm *(Humerus)* aufgrund einer unvollständigen Verknöcherung der Wachstumsfuge der Oberarmgelenkwalze ist eine besondere Frakturform, die bei einigen Hunderassen gehäuft auftritt. Oft reicht ein geringes Trauma aus, um diese Fraktur, bedingt durch die unzureichende Verknöcherung zwischen den beiden Gelenkknorren *(Condylus medialis* und *lateralis)* des Oberarmes, entstehen zu lassen. Unter den Jagdhunden trifft diese Erkrankungen vor allem Deutsche Wachtelhunde, Spanielrassen und Bayerische Gebirgsschweißhunde.

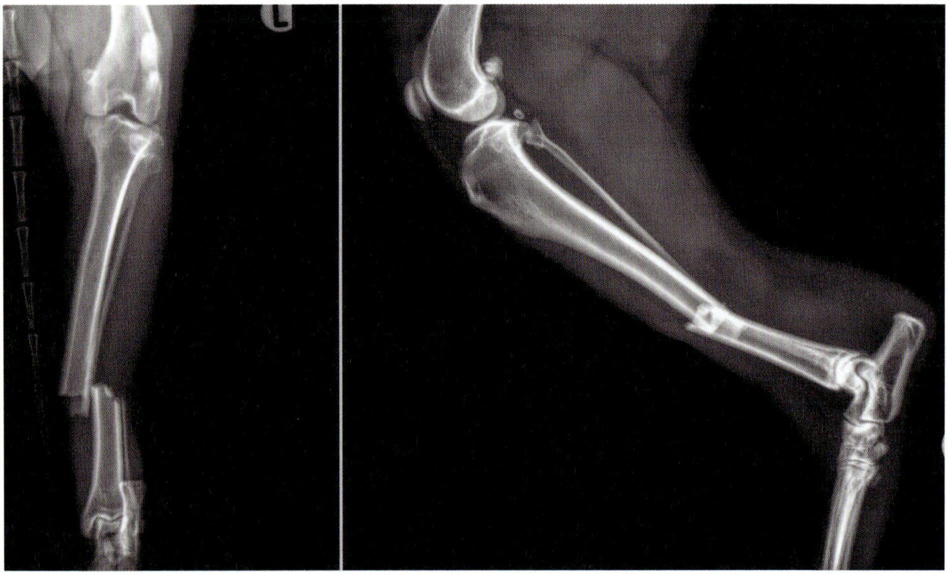

Geschlossener Schaftbruch des linken Schien- und Wadenbeins einer Terrier-Hündin. Die Verschiebung der Fragmente ist deutlich.

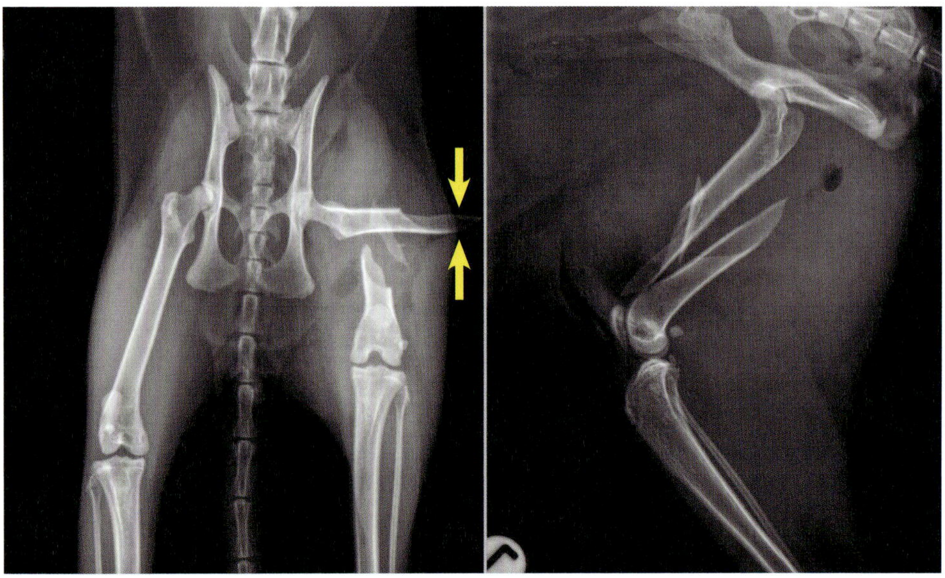

Offene Oberschenkelschaft-Fraktur einer Katze in zwei Ebenen. Das Ende des oberen Fragmentes hat die Haut durchstoßen (gelbe Pfeile).

Symptome

Die auftretenden Symptome von Knochenbrüchen kann man in unsichere und sichere Frakturzeichen unterteilen. Zu den unsicheren Frakturzeichen gehören Schmerzen, Schwellungen, Hämatome und Bewegungseinschränkungen. Sie ähneln damit den Symptomen einer Distorsion oder einer Luxation.

Sichere Frakturzeichen sind eine deutliche Achsenfehlstellung des betroffenen Knochens, eine abnorme Beweglichkeit sowie hör- und spürbare Knistergeräusche (Krepitation), die durch das Aneinanderreiben der Frakturfragmente bei Bewegung entstehen. Ein weiteres sicheres Frakturzeichen sind bei einem offenen Bruch in der Wunde sichtbare Knochenfragmente.

AKUTMASSNAHMEN

UNTERSUCHUNG

Die Maßnahmen bei Distorsionen, Luxationen und Frakturen sind im Wesentlichen gleich. Zunächst ist hoffentlich selbstverständlich, dass ein offensichtlich lahm gehender Hund nicht weiter im Jagdbetrieb eingesetzt werden darf.

Die Untersuchung und eine Erstversorgung der verletzten Gliedmaße(n) eines stark lahmenden Hundes müssen immer sehr vorsichtig und in Ruhe erfolgen, bevorzugt durch mindestens zwei Personen. Eine Person kann den Hund fixieren, während die zweite den Hund untersucht. So werden die Schmerzen für den Hund während der Untersuchung so gering wie möglich gehalten und das Risiko weiterer Schädigungen gesenkt. Zudem dient dieses Vorgehen auch dem Eigenschutz, denn wenn ein Hund plötzlich starke Schmerzen erfährt, kann er auch unvermittelt zubeißen. Dieses Risiko wird durch eine entsprechende, ebenfalls vorsichtige Fixation des Hundes und einen ruhigen Umgang deutlich gemindert.

Eine klinische Unterscheidung von Distorsionen, Luxationen und geschlossen Frakturen durch vorsichtiges Abtasten ist nicht immer möglich, dies gilt insbesondere dann, wenn keine sicheren Frakturanzeichen festzustellen sind. Für die initiale Erste Hilfe ist dies auch nicht von allzu großer Bedeutung. In der Humanmedizin wird bei geschlossenen Verletzungen des Bewegungsapparates als Erste-Hilfe-Maßnahme u. a. das PECH-Schema empfohlen. Das Akronym PECH steht für die vier folgenden Punkte:

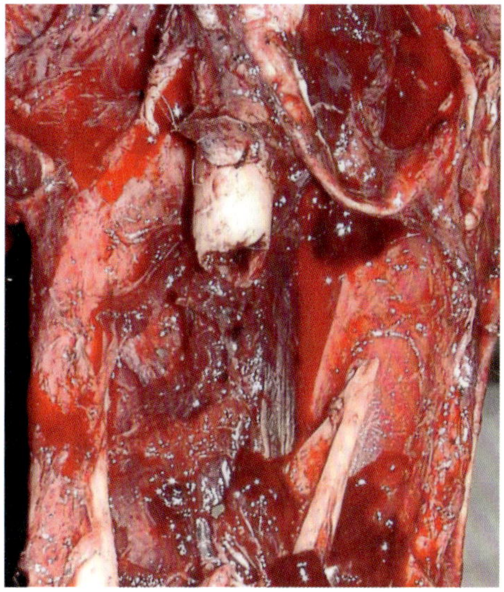

Hinterpfote eines Hundes nach einem Verkehrsunfall. Im Weichteilgewebe sind Knochenfragmente sichtbar.

ACHTUNG

Nicht übertreiben! Manchmal zeigen Hunde auffällige Schmerzäußerungen bei dem Versuch, die verletzte(n) Gliedmaße(n)zu untersuchen und/oder erstzuversorgen. In diesem Fall werden alle Manipulationen am besten abgebrochen.

1. P = Pause: Abbruch körperlicher Aktivitäten
2. E = Eis: Kühlung des betroffenen Gelenkes oder der betroffenen Gliedmaße
3. C = Compression: Anlegen eines Druckverbands mit nur mäßigem Druck
4. H = Hochlagern: Die verletzte Gliedmaße wird hoch gelagert.

Alle weiteren körperlichen Aktivitäten abzubrechen, schützt das verletzte Gelenk bzw. die verletzte Gliedmaße vor weiteren Schädigungen. Die drei letzten Punkte haben ein gemeinsames Ziel: Sie sollen das starke Anschwellen des verletzten Bereiches verhindern und die Hämatombildung verringern. So werden bessere Ausgangsbedingungen für den späteren Heilungsverlauf geschaffen. Dieses Schema lässt sich ohne Weiteres auf die Erste Hilfe in der Tiermedizin übertragen.

KÜHLUNG

Optimal ist eine Kühlung mittels Kältekompresse (Eispack). Dabei sollte die Kompresse nicht direkt auf die Haut gelegt, sondern zuvor immer in ein dünnes Tuch eingewickelt werden, um mögliche Kälteschäden zu vermeiden. Nach zehnminütigem Kühlen ist eine zehnminütige Pause einzulegen, bevor weiter gekühlt wird.
Ein Kältespray erfüllt die gleiche Aufgabe wie die Kältekompresse, aber auch dessen Einsatz muss vorsichtig erfolgen, um mögliche oberflächliche Erfrierungen zu verhindern. Als gute, einfache Alternative zur Kühlung eines verletzten Gelenkes und/oder einer verletzten Gliedmaße bietet sich ein Tuch an, das in kaltes Wasser getaucht wurde. In ein Tuch eingepackte Eiswürfel sind eine weitere Option.

FALSCH – EIN KOMPRESSIONSVERBAND

Das Anlegen eines Kompressionsverbands muss zumindest bei Hunden kritisch gesehen werden. Da die Ersthelfer meist keine klare Diagnose stellen können, ist im Zweifel immer von Luxationen oder geschlossen Frakturen auszugehen. Und in solchen Fällen wäre das Anlegen eines Kompressionsverbands für den Hund mit starken Schmerzen und dem Risiko weiterer Verletzungen verbunden. Das vorsichtige Unterpolstern und Hochlagern der verletzten Gliedmaße(n) kann versucht werden. Aber auch dies ist nur sinnvoll möglich, wenn sich der Hund in Seitenlage befindet.

STÜTZVERBAND

Ebenso abzuraten ist von Stützverbänden, die eigentlich dazu dienen, ein luxiertes Gelenk oder einen gebrochenen Knochen ruhig zu stellen. Lässt es sich – warum auch immer – nicht vermeiden, eine Fraktur durch einen Verband zu stabilisieren, müs-

Kühlpackungen und Eissprays eigenen sich zur Kühlung einer verletzten Gliedmaße – aber nur, wenn sie fachgerecht angewendet werdem, sodass es nicht zu Kälteschäden und Erfrierungen kommt!

sen darin mindestens die benachbarten Gelenke des frakturierten Knochens und am besten auch die Pfote der verletzten Gliedmaße einbezogen werden. Dies bedeutet, dass bei Frakturen oberhalb der Mitte des Unterarmes oder der Mitte des Unterschenkels der Verband jeweils über die gesamte Gliedmaße einschließlich der Schulter bzw. des Beckens angelegt werden muss, da sonst keine ausreichende Stabilität gewährleistet ist.
Das korrekte Wickeln eines solchen Verbands erfordert allerdings sehr viel Übung, Zeit und Material. Zudem besteht auch hier die Gefahr, dem Hund unnötige Schmerzen und Schäden zuzufügen. Besser ist es, die Bewegung eines noch steh- und gehfähigen Hundes so stark wie möglich einzuschränken, um weitere Verletzungen zu verhindern. Hier ist das Motto: Besser kein Verband als ein schlecht sitzender Verband!

OFFENER BRUCH

Ragen Knochenanteile aus einer Wunde, ist die Diagnose „offene Fraktur" einfach und sicher zu stellen. Die Erste Hilfe besteht in einem solchen Fall darin, den Frakturbereich mit sterilen Kompressen abzudecken und mit einer sterilen Spüllösung feuchtzuhalten. Zur Fixation der sterilen, feuchten Kompressen kann ein sehr lockerer Verband aus Mullbinden verwendet werden.
Stehen keine sterilen Kompressen und keine sterile Spüllösung zur Verfügung, können alternativ auch Trinkwasser – wieder darf es nicht eiskalt, aber auch nicht zu warm sein – und weiches, nicht fusselndes Material wie ein Küchentuch oder ein Fleece-Stoff), eingesetzt werden. Das Feuchthalten der sichtbaren Knochenanteile und des umliegenden Weichteilgewebes sowie der Schutz vor weiterer Kontamination sind wichtiger als Sterilität. Bei einer späteren, chirurgischen Versorgung werden die Knochenfragmente und das Weichteilgewebe ohnehin in jedem Fall entsprechend gespült. Natürlich muss der Hund unbedingt daran gehindert werden, den Verband zu entfernen oder an den Wunden zu lecken.
Hunde mit einer Distorsion, Luxation und/oder Fraktur sind nach der Erstversorgung zeitnah und nach Ankündigung in einer entsprechend ausgestatteten tierärztlichen Einrichtung vorzustellen. Für die Diagnose genügen in aller Regel Röntgenaufnahmen. In seltenen Fällen kann bei komplizierten Frakturen auch eine Computertomographie notwendig sein.

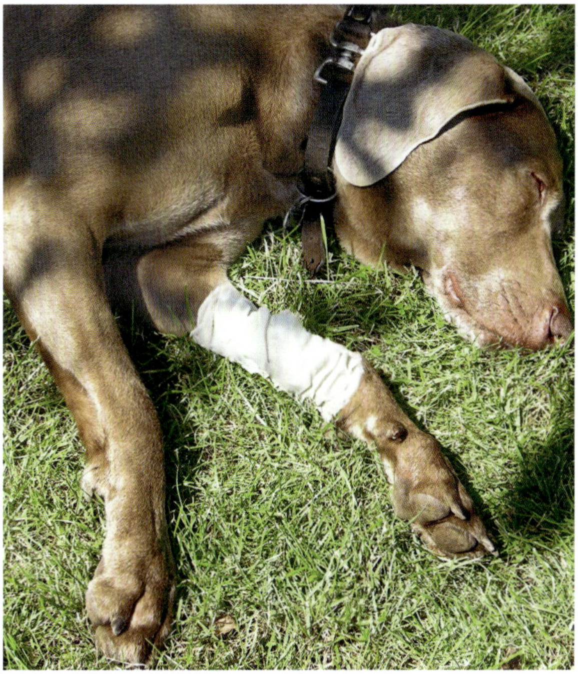

Feuchthalten und Schutz sind wichtiger als Sterilität: Zur Not tut es auch ein Küchentuch.

ACHTUNG

Dem Hinweis bei Schädelfrakturen vergleichbar, gilt auch für luxierte Gelenke und Knochenbrüche an den Gliedmaßen: Jeder Versuch, ein Gelenk wieder einzurenken oder Knochenfragmente zu richten, hat unbedingt zu unterbleiben! Oft werden bei solchen „Selbstversuchen" die bereits vorhandenen Schäden am Gelenk oder an den Knochenfragmenten vergrößert und/oder Nerven und Blutgefäße verletzt.

WIRBELSÄULENTRAUMATA

FUNKTION UND AUFBAU DER WIRBELSÄULE

Die Wirbelsäule, das Kennzeichen aller Wirbeltiere, liegt in der Längsachse des Körpers und dient als bewegliche Stütze für den Kopf, den Hals und die Extremitäten. Zudem schützt die Wirbelsäule das sehr empfindliche Rückenmark. Die Wirbelsäule lässt sich beim Hund in fünf Abschnitte gliedern:

1. Halswirbelsäule (7 Wirbel)
2. Brustwirbelsäule (13 Wirbel)
3. Lendenwirbelsäule (7 Wirbel)
4. Kreuzbein (3 Wirbel, die miteinander verschmolzen sind)
5. Schwanzwirbelsäule (20 bis 23 Wirbel)

Die Anzahl der Wirbel kann variieren, dies gilt insbesondere für die Schwanzwirbelsäule bei angeborener Kurzschwänzigkeit. Der erste Halswirbel, der Atlas, stellt die Verbindung zum Schädel her, das Kreuzbein verbindet das Becken mit den Hintergliedmaßen. Die vorderen Gliedmaßen haben keine feste Verbindung zur Wirbelsäule, sondern werden nur über Muskeln gehalten.

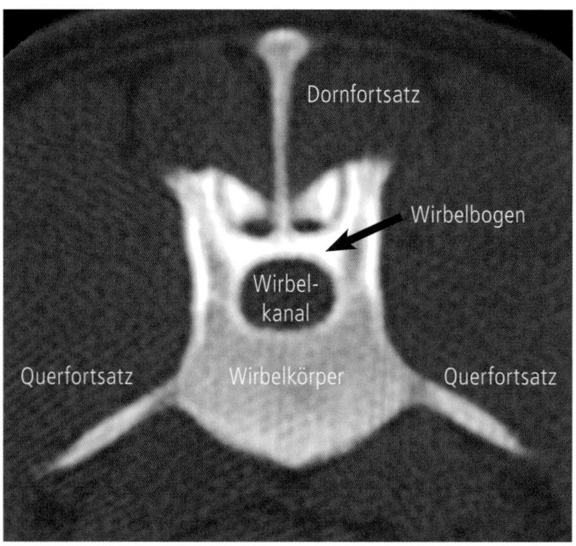

Computertomografischer Querschnitt durch den befundlosen Lendenwirbel eines Dackels

GRUNDFORM DER WIRBEL

Alle Wirbel weisen eine gemeinsame Grundform auf. In den einzelnen Wirbelsäulenabschnitten ist diese Form aber den jeweils gegebenen Anforderungen angepasst und kann deshalb mehr oder weniger modifiziert sein. Jeder Wirbel hat die drei Hauptbestandteile:

1. Wirbelkörper,
2. Wirbelbogen,
3. Wirbelfortsätze.

Wirbelkörper

Mit Ausnahme des ersten Halswirbels besitzen alle Wirbel einen kompakten, annähernd zylinderförmigen Wirbelkörper. Während die vordere Endfläche des Wirbelkörpers gewölbt ist, ist die hintere Endfläche ausgehöhlt. Die Oberseite des Wirbelkörpers weist mittig eine durchgehende Bandleiste und beidseits seitlich davon eine Rinne für Blutgefäße auf.

Wirbelbogen

Über dieser Oberfläche spannt sich der Wirbelbogen. Er stellt zusammen mit dem Wirbelkörper die Grenze für das Wirbelloch dar. Die Gesamtheit der Wirbellöcher bildet den Wirbelkanal, in dem geschützt das von seinen Häuten umhüllte Rückenmark liegt. Der Wirbelbogen ist an seinem Ursprung am

Wirbelkörper vorn und hinten an jeder Seite eingekerbt. Diese Einkerbungen benachbarter Wirbel umschließen das Zwischenwirbelloch, aus dem die einzelnen Rückenmarksnerven den Wirbelkanal verlassen.

Fortsätze

Auf der Oberseite des Wirbelbogens sitzt der Dornfortsatz, und jeder Seite des Bogens entspringt ein Querfortsatz. Zudem weist jeder Wirbel noch vier Gelenkfortsätze auf. An den Wirbeln der Brust- und Lendenwirbelsäule gibt es noch weitere, kleinere Fortsätze. Alle Fortsätze fungieren als Ansatzstelle für Muskeln und in einigen Fällen auch für Bänder.

BANDSCHEIBEN, GELENKE, BÄNDER

Bis auf die Verbindung des ersten Halswirbels mit dem Schädel, des ersten mit dem zweiten Halswirbels und die verschmolzenen Lendenwirbel befindet sich zwischen zwei Wirbeln immer eine Bandscheibe. Sie bildet mit den benachbarten Wirbelkörpern ein unechtes Gelenk mit einer nur geringen Beweglichkeit. Die Gelenkfortsätze benachbarter Wirbelkörper sind dagegen echte Gelenke. Stabilisiert wird die Wirbelsäule zusätzlich durch verschiedene Bänder. Die Beweglichkeit zwischen zwei Wirbeln ist nur gering, aber in der Summe ist die Wirbelsäule aufgrund der Vielzahl der Gelenke sehr beweglich. Die Bandscheibe besteht aus einem inneren Gallertkern *(Nucleus pulposus)* und dem äußeren Faserring *(Anulus fibrosus)*. Sie hat u. a. die Aufgabe, die Beweglichkeit der Wirbelsäue zu gewährleisten, und dient auch als Stoßdämpfer während der Bewegung.

VERLETZUNGEN DER WIRBELSÄULE

Verletzungen der Wirbelsäule treten meist nur nach Traumata mit sehr großer Krafteinwirkung auf und sind glücklicherweise im Vergleich zu anderen Verletzungen relativ selten. Wenn es jedoch zu solchen Verletzungen kommt, sind die Folgen oft gravierend. Häufiger als Wirbelsäulentraumata im engeren Sinne sind Bandscheibenvorfälle, welche u. a. gehäuft bei Dackeln und Bracken beobachtet werden können.

VERSTAUCHUNG

Die unter „Verletzungen der Gliedmaßen" beschriebenen Traumata können grundsätzlich auch an der Wirbelsäule auftreten. Distorsionen der Wirbelsäule sind schmerzhafte Verletzungen, die in aller Regel aber konservativ behandelt werden können. Ein typisches Beispiel aus der Humanmedizin für eine solche Distorsion der Wirbelsäule ist das Schleudertrauma der Halswirbelsäule.

AUSRENKUNG

Bei Subluxationen oder Luxationen werden Wirbelkörper gegeneinander verschoben, wobei es zu massiven Schädigungen der Bandstrukturen, der Bandscheiben sowie der Gelenkfortsätze kommt. Schwerer als das eigentliche Wirbelsäulentrauma wiegt

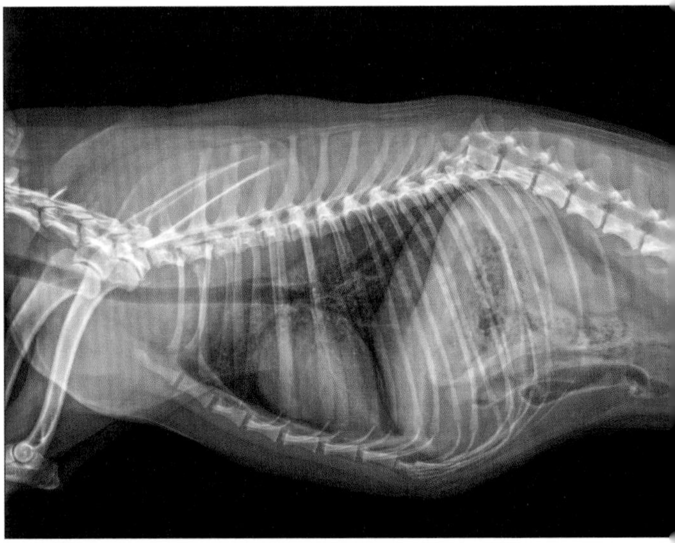

Deutlich zu erkennen: Luxation des ersten Lendenwirbels einer Hündin. Solche Verletzungen lassen sich auch gut ertasten.

dabei aber, dass auch das Rückenmark in Mitleidenschaft gezogen wird. Das Ausmaß der Rückenmarksschädigung hängt von der Zeitspanne und dem Grad der Kompression sowie der Geschwindigkeit und Kraft, mit welcher das Trauma einwirkte, ab.

WIRBELBRUCH

Bei den Wirbelbrüchen muss unterschieden werden, welche Anteile des Wirbels frakturiert sind. Sind nur Dorn- oder Querfortsätze betroffen, ist die Gefahr einer Rückenmarksschädigung vergleichsweise gering. Sind hingegen der Wirbelkörper und/oder der Wirbelbogen gebrochen, ist die Wahrscheinlichkeit von Verletzungen des Rückenmarks hoch.
Ein typischer Wirbelbruch ist die Stauchungs- oder Kompressionsfraktur, bei der der Wirbelkörper in der Längsachse zusammengeschoben wird. Da in aller Regel nur massive Traumata zu Verletzungen der Wirbelsäule führen, treten oft auch Kombinationen aus Subluxation, Luxationen und Frakturen sowie Verletzungen der inneren Organe auf.

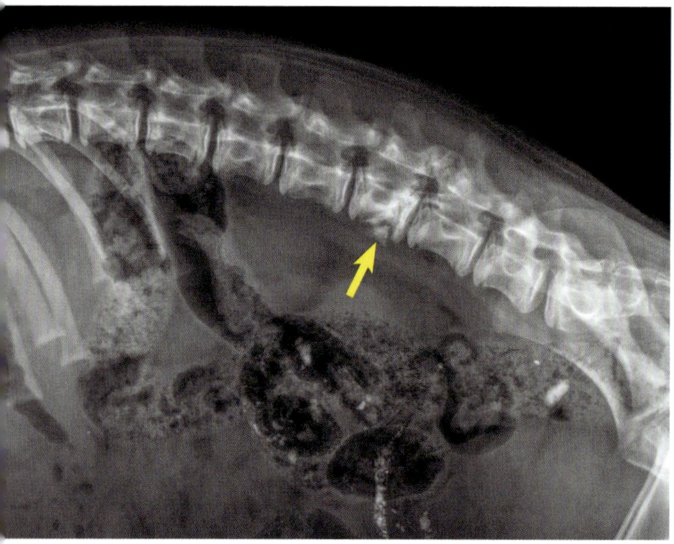

Der fünfte Lendenwirbel dieses Welpen ist gestaucht und zeigt eine Fraktur im unteren Wirbelkörperanteil (gelber Pfeil).

BANDSCHEIBENVORFÄLLE

Bandscheibenvorfälle sind bei Hunden häufig Folge einer altersabhängigen degenerativen Erkrankung. Bei Hunderassen mit erblich bedingter Knorpelbildungsstörung, sogenannten chondrodystrophen Rassen wie z. B. dem Dackel oder dem Basset, kann es schon in einem frühen Lebensstadium zu Bandscheibenvorfällen kommen. Die Degeneration der Bandscheiben führt zu einem langsamen Funktionsverlust und schließlich auch zum Vorfall der Bandscheibe in den Wirbelkanal mit nachfolgender Kompression des Rückenmarkes. Eine der möglichen Einteilungen von Bandscheibenvorfällen unterscheidet drei Formen:

1. Hansen Typ I
2. Hansen Typ II
3. Hansen Typ II

HANSEN TYP I

Bandscheibenvorfälle von Hansen Typ I betreffen vor allem chondrodystrophe Hunderassen. (Chondrodystrophie ist bei Hunden eine Störung des Knorpelwachstums: Die Folgen sind Kleinwuchs mit im Vergleich zur Rumpflänge zu kurzen Extremitäten.) Durch die Degeneration der Bandscheibe kommt es zum Riss des äußeren Faserringes und zum Vorfall des Gallertkerns in den Wirbelkanal. Dies ist u. a. auch damit zu erklären, dass der äußere Faserring nicht gleichmäßig stark, sondern im oberen Bereich Richtung Rückenmark deutlich dünner als seitlich und unten ist. Durch das vorgefallene Material kommt es zu einer Einengung des Wirbelkanales mit einer Kompression des Rückenmarkes. Oft zeigen die Hunde schon einige Tage vor dem eigentlichen Vorfall erste Anzeichen wie Schmerzen und Bewegungsunlust. Die klinischen Symptome sind sehr variabel und hängen stark von Größe und Lage des Vorfalls ab.

Teckel sind eine chondrodystrophe Hunderasse und für Bandscheibenvorfälle des Hansen Typs I prädestiniert.

HANSEN TYP II

Vorfälle vom Hansen Typ II treten vor allem bei größeren, nicht chondrodystrophen Hunden auf. Hier kommt es zu einer langsamen Vorwölbung des äußeren Faserrings in den Wirbelkanal. Die Symptome nehmen langsam, aber kontinuierlich zu, wobei das Rückenmark chronisch geschädigt wird.

HANSEN TYP III

Bei Vorfällen des Typs III reißt der äußere Faserring plötzlich und Teile des nicht degenerierten Gallertkerns „schießen" in den Wirbelkanal. Im Englischen wird dieser Vorfall daher auch „high velocity low volume disc extrusion" oder „acute noncompressive nucleus pulposus extrusion" genannt. Letzterer Name weist darauf hin, dass beim Hansen Typ III das Rückenmark nicht nennenswert komprimiert wird. Infolge der hohen Geschwindigkeit, mit der das Material vorfällt, können die Schäden trotzdem enorm sein.

ANZEICHEN

Die klinischen Anzeichen eines Wirbelsäulentraumas bzw. eines Bandscheibenvorfalls hängen stark von Ausmaß und Lage der Verletzung, der Läsion, ab und reichen von reinen Schmerzsymptomen über eine leichte Störung des Bewegungsablaufs (Ataxie) bis hin zur vollständigen Bewegungsunfähigkeit.

AUSFÄLLE IN DER HINTERHAND

Sind alle vier Gliedmaßen von neurologischen, das heißt nervenbedingten Ausfällen betroffen, liegt der Schaden in der Halswirbelsäule. Weisen hingegen nur die Hintergliedmaßen neurologische Defizite auf, muss sich die Läsion in der Brust- und/oder Lendenwirbelsäule befinden. Letzteres entspricht dem klassischen Bandscheibenvorfall bei einem Dackel.
Während der Hund vorn vollkommen normal erscheint, sind die Hintergliedmaßen

Durch Bandscheibenvorfälle gefährdet sind auch Bassets.

schlaff gelähmt und werden bei der Vorwärtsbewegung nur passiv hinterhergezogen. Ist ein Trauma die Ursache für die neurologischen Ausfälle der Hinterhand, können im Rückenbereich häufig zusätzlich Hämatome, Schwellungen und in sehr seltenen Fällen eine abnorme Stellung der Wirbelsäule festgestellt werden. Ein Beispiel für eine solche abnorme Stellung der Wirbelsäule ist im Röntgenbild auf Seite 89 dargestellt. In einem solch extremen Fall kann die Diagnose „Wirbelsäulenverletzung" schon bei der klinischen Untersuchung des Patienten mit relativ hoher Sicherheit gestellt werden.

EIN EINFACHER TEST

Besteht bei einem noch steh- und gehfähigen Hund der Verdacht eines Wirbelsäulentraumas oder Bandscheibenvorfalls, weil das Tier vielleicht schwankend läuft, lässt sich das einfach überprüfen. Nacheinander werden die Pfoten des Hundes gebeugt und auf den Pfotenrücken gestellt – das „Überköten" wird simuliert. Ein gesunder Hund wird die Pfote sofort wieder in Normalposition bringen. Erfolgt diese Korrekturreaktion oder Stellreaktion jedoch verzögert, ist eine Rückenmarksschädigung zu vermuten. Wichtig ist, immer alle vier Gliedmaßen vergleichend zu untersuchen, um auch minimale Veränderungen erkennen zu können.

SCHIFF-SHERINGTON-PHÄNOMEN

Sehr schwere Schädigungen des Rückenmarkes im Bereich von Brust- und/oder Lendenwirbelsäule können auch zum Auftreten des sogenannten Schiff-Sherington-Phänomens führen. Der Patient befindet sich dabei meist in Seitenlage und zeigt eine überstreckte Kopfhaltung (Opisthotonus), steife und überstreckte Vordergliedmaßen sowie eine schlaffe Lähmung der Hintergliedmaßen. Auch wenn das Schiff-Sherington-Phänomen ein Hinweis für eine sehr schwere Läsion des Rückenmarkes ist, muss die Prognose für den verletzten Hund nicht zwangsläufig schlecht sein.

ÜBERKÖTEN

Wenn ein Hund im Stand und/oder während der Bewegung die Pfoten nicht korrekt positioniert, sondern auf dem Pfotenrücken steht, spricht man von „Überköten". Dies kann je nach Lage der Läsion z. B. nur eine Gliedmaße, die Gliedmaßen einer Körperhälfte oder alle Gliedmaßen betreffen. In jedem Fall ist das Überköten ein deutlicher Hinweis auf neurologische Beschwerden.

MASSNAHMEN

Besteht der Verdacht eines Wirbelsäulentraumas oder eines Bandscheibenvorfalls bei einem steh- und gehfähigen Hund, gilt es, seine Bewegung so stark wie möglich einzuschränken. Dabei müssen die Manipulationen am Tier so weit wie möglich unterbunden werden, um weitere Schädigungen zu vermeiden.

LAGERUNG UND TRANSPORT

Ist der verletzte Hund bewegungsunfähig und/oder in Seitenlage, müssen seine Untersuchung und vor allem sein Transport ohne eine Lageveränderung durchgeführt werden. In der Humanmedizin werden für solche Zwecke u. a. Vakuummatratzen eingesetzt. Solche Matratzen stehen im Jagdalltag bedauerlicherweise aber kaum zur Verfügung, sodass man andere Möglichkeiten wie z. B. große, stabile Bretter, die man mit Decken und/oder Jacken polstert, finden muss. Außerdem sollten genug Ersthelfer vor Ort sein, die beim Umlagern und Transport des Patienten helfen können. Gerade bei schweren Wirbelsäulenverletzungen ist ausgesprochen wichtig, die Ruhe zu bewahren, alles soweit wie möglich vorzubereiten und die geplanten Schritte des Umlagerns und des Transportes mit allen Beteiligten durchzusprechen. Der dabei eventuell auftretende Zeitverlust kommt dem Patienten zugute, da so das Risiko für weitere Schädigungen von Wirbelsäule und Rückenmark minimiert wird.

Und natürlich müssen Hunde mit einer wahrscheinlichen oder offensichtlichen Wirbelsäulenverletzung und/oder Symptomen eines Bandscheibenvorfalles nach der Erstversorgung schnellstmöglich in eine vorabinformierte tierärztliche Einrichtung gebracht werden, die auf solche Fälle eingerichtet ist. Röntgenbilder können neben einer neurologischen Untersuchung einen ersten Überblick geben, für eine genaue Diagnosestellung benötigt man allerdings Schnittbildverfahren wie eine Computertomografie oder eine Magnetresonanztomographie.

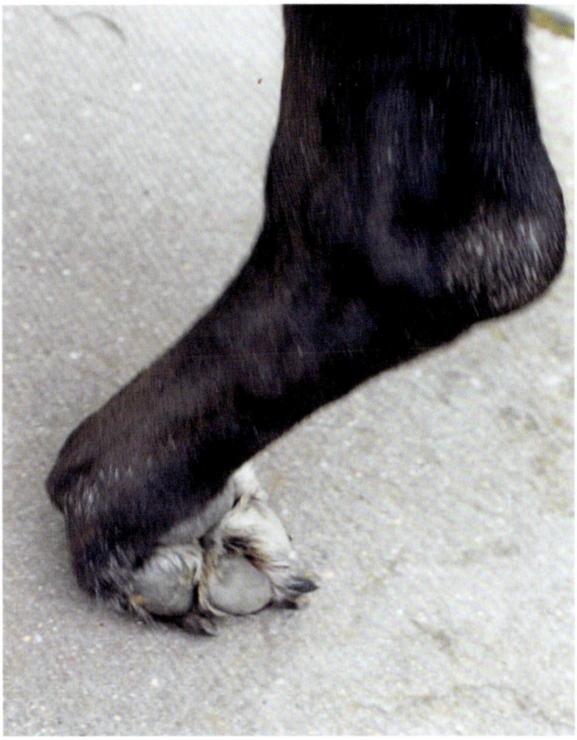

Die Pfote wird auf dem Pfotenrücken abgestellt: Der Hund „überkötet".

VERSORGUNG KLEINERER WUNDEN

RUND UM WUNDEN

HAUT UND SCHLEIMHÄUTE

Sowohl die Haut als auch die Schleimhaut besteht jeweils aus drei Schichten. Diese Schichten werden bei der Haut von außen nach innen als Oberhaut (Epidermis), Lederhaut (Dermis) und Unterhaut (Subcutis) bezeichnet. Bei der Schleimhaut gibt es die aus Drüsen- und Deckgewebe bestehende Epithelschicht, eine mittlere Bindegewebsschicht und eine Schicht aus glatter Muskulatur. Beispiele für Schleimhäute sind u. a. die Maulschleimhaut, die Magen- und Darmschleimhäute, die Gebärmutterschleimhaut und die Bindehäute.

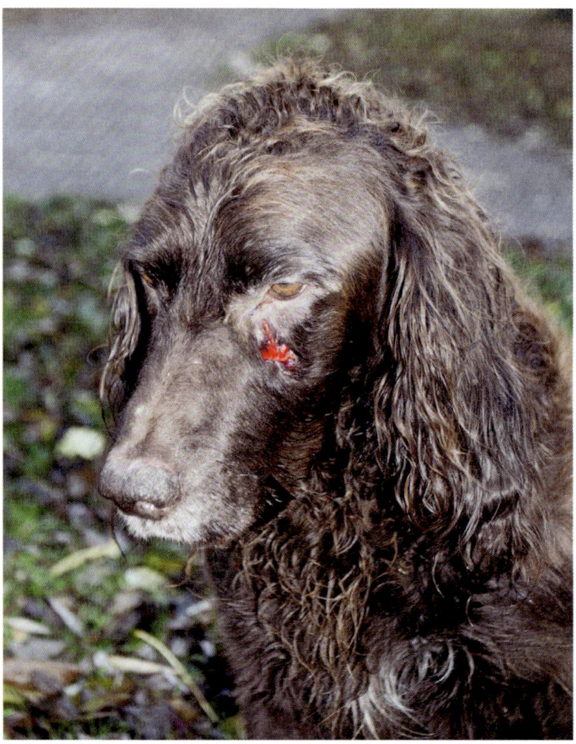

Diese Wunde ist zwar nicht allzu weit vom Auge entfernt, aber doch nicht schwerwiegend.

„SCHUTZHÜLLE" HAUT

Haut und Schleimhäute zusammen bilden die Grenze des Körpers zur Außenwelt und schützen den Organismus vor schädlichen Umwelteinflüssen und Infektionen. Eine Wunde entsteht durch eine oberflächliche Läsion der beiden ersten Schichten oder eine vollständige Trennung des Zusammenhangs von Haut oder Schleimhaut. Dabei verlieren die verletzte Haut oder Schleimhaut ihre Schutz- und Barrierefunktion und es kann leichter zu Infektionen kommen.

WUNDENARTEN UND -URSACHEN

WUNDENEINTEILUNG

Die Einteilung von Wunden kann nach einer ganzen Reihe unterschiedlicher Kriterien erfolgen. Eine Möglichkeit besteht darin, Wunden nach ihren Entstehungsursachen zu unterscheiden. Andere Differenzierungsmöglichkeiten sind u. a. der Zeitverlauf der Wundentstehung (akute Wunde/chronische Wunde) oder die Komplexität einer Wunde. Einfache Wunden haben eine geringe Tiefe und betreffen nur die Haut, die Unterhaut und/oder die Körperfaszie. Die Körperfaszie ist eine durchgängige Bindegewebshülle, welche die Muskulatur umschließt und diese von der Unterhaut abgrenzt. Bei komplizierten Wunden wird die Grenze der Körperfaszie überschritten und es können z. B. auch Nerven, Muskeln und/oder Sehnen verletzt sein. In sehr schweren Fällen können auch die Körperhöhlen eröffnet sein (s. Kap. „Perforierende Verletzung des Brustkorbs" und „Perforierende Verletzung der Bauchhöhle"). Selbst kleinere Wunden führen bei verletzten Hunden neben den meist auftretenden Blutungen zu Schmerzen und einer erhöhten Gefahr für Infektionen.

WIE WUNDEN ENTSTEHEN

Die überwiegende Mehrzahl der Wunden entsteht durch äußere Faktoren wie Gewalteinwirkung, Hitze, Kälte oder chemische Substanzen. Wunden können aber auch durch Erkrankungen verursacht werden: Ein stressbedingtes Magengeschwür *(Ulcus ventriculi)*, eine Wunde der Magenschleimhaut, wäre ein Beispiel hierfür.
Die Ursachen für akute Wunden bei Jagdhunden sind die gleichen, die schon in vorherigen Kapiteln genannt wurden. Bei Stichverletzungen durch Schwarzwild sowie Bissverletzungen durch den Fuchs (oder andere Prädatoren) und Hunde muss neben einer bakteriellen Kontamination auch mit dem Eintrag von Fremdmaterial wie Borsten und Haaren oder Pflanzenanteilen gerechnet werden.

WUNDENUNTERSUCHUNG

Wenn bei der ersten Untersuchung keine Anzeichen für schwere Verletzungen und/oder einen Schock gefunden wurden, kann mit der Versorgung kleinerer Verletzungen begonnen werden. Dazu ist es hilfreich, wenn eine Hilfsperson den Hund beruhigt und fixiert (s. „Fixation des verletzten Hundes", S. 32). Bei abwehrbereiten Hunden werden auch Hilfsmittel wie ein Maulkorb oder eine Maulschlinge zum Eigenschutz eingesetzt.

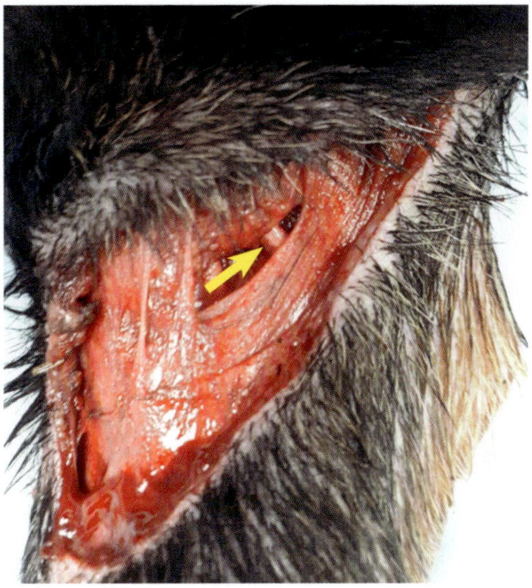

Verletzung auf der Innenseite eines rechten Ellbogens durch eine Sau. Die klaffende Wunde ist kontaminiert, ein Nerv liegt frei.

ADSPEKTION DER WUNDE

Zuerst verschafft man sich durch Betrachtung (Adspektion) einen Überblick über die Wunde(n). Dabei werden deren Größe und Tiefe sowie beteiligte Strukturen, wie z. B. Nerven, Gefäße oder Muskulatur, Blutungen und dazu Kontaminationen, erfasst. Liegt eine Bissverletzung vor, muss immer auch nach dem Gegenbiss gesucht werden.
Beim Abtasten (Palpation) der Wunde(n) ist sehr vorsichtig vorzugehen, um weitere Verletzungen zu verhindern und dem Hund keine unnötigen Schmerzen zu bereiten. Im Optimalfall trägt man während der Untersuchung (sterile) Einmalhandschuhe. Die Handschuhe dienen dem Schutz der Wunde vor weiteren Kontaminationen und schützen den Untersuchenden vor möglichen Infektionen.
Mit den Fingern oder mit Hilfe einer Pinzette werden die Wundränder angehoben, um in die Tiefe der Wunde blicken zu können. Eine Taschenlampe, mit der die Wundhöhle ausgeleuchtet wird, erleichtert die Adspektion.

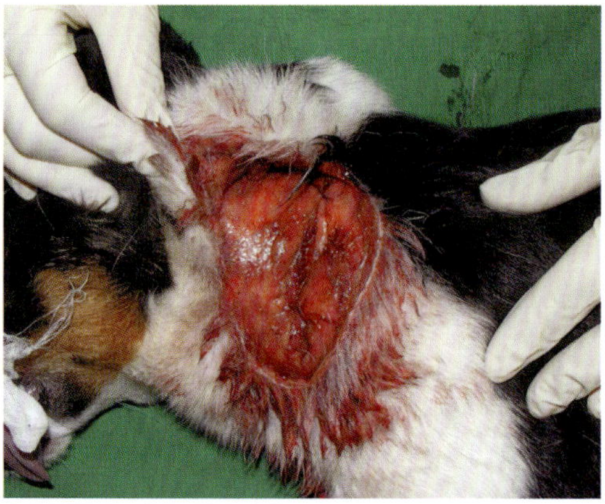

01

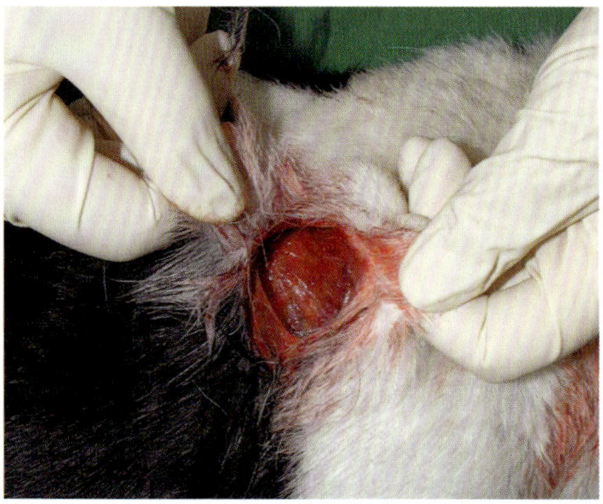

02

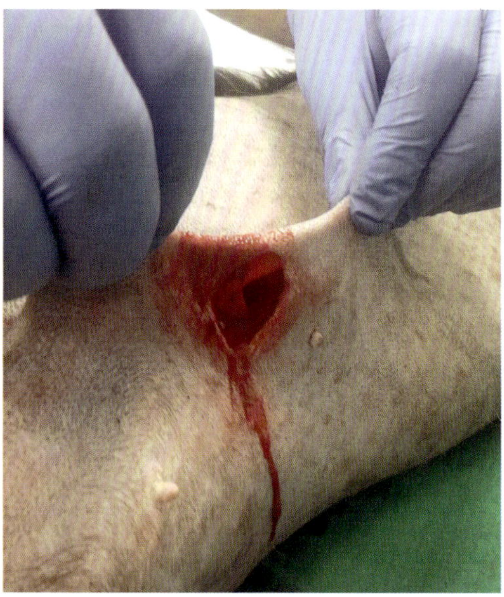

03

SONDIERUNG

Mit dem Zeigefinger oder einer Pinzette kann die Wunde sondiert werden. Hierbei versucht man – wiederum sehr vorsichtig – innerhalb der Wunde die Grenze der Wundhöhle darzustellen. Reagiert der Hund bei diesen Manipulationen mit Schmerzen, wird die Untersuchung besser abgebrochen. Das Foto links unten zeigt eine Wunde kurz hinter dem Brustbein im Bereich der rasierten Bauchwand eines anästhesierten Wachtelhund-Rüden während der Vorbereitung für die chirurgische Versorgung. Die Größe der sich nach hinten ziehenden Wundhöhle lässt sich erahnen, zudem ist eine deutliche Blutung sichtbar.
Hört man während des Sondierens vermeintlich oberflächlicher Wunden im Bereich der Brustwand ein atemsynchrones, saugendes oder pfeifendes Geräusch bzw. bewegen sich die tieferen Wundränder atemsynchron, liegt mit sehr hoher Wahrscheinlichkeit eine perforierende Verletzung des Brustkorbs vor. Dann müssen die Sondierung sofort abgebrochen und die unter „Perforierende Verletzungen des Brustkorbs“ (S. 60) beschriebenen Maßnahmen eingeleitet werden.

MASSNAHMEN

FREMDKÖRPER, REINIGUNG, BLUTSTILLUNG

Befinden sich in der Wunde kleinere Fremdkörper, wie z. B. Pflanzenteile, Borsten oder Haare, können diese mit einer Pinzette ent-

01 *Große, aber nicht lebensbedrohliche Bissverletzung an der Halsseite eines Hundes. Schlagader und Drosselvene sind unverletzt.*

02 *Der Gegenbiss ist deutlich kleiner. Solche Wunden werden infolge Konzentration auf offensichtliche Wunden gern übersehen.*

03 *Erst beim Abheben der Haut von der Unterhaut wird das Ausmaß der Wundhöhle in der Bauchwand sichtbar.*

fernt werden. Große oder tief sitzende Fremdkörper sollten nur unter tierärztlicher Kontrolle entfernt werden.
Nach der Untersuchung der Wunde(n) und der eventuellen Entfernung kleinerer Fremdkörper folgt die Wundreinigung und bei Bedarf auch die Blutstillung. Im Idealfall wird das Fell um die Wunde vor der eigentlichen Reinigung geschoren oder mit einer Schere vorsichtig gekürzt: So erhält man einen besseren Überblick und kann ggf. weitere Verletzungen erkennen. Damit dabei keine Haare in die Wunde gelangen, wird am besten vorher ein feuchter, vorzugsweise steriler Tupfer in/über die Wunde gelegt.

WUNDENSPÜLUNG

Die mechanische Wundenreinigung geschieht idealerweise mit sterilen Spüllösungen, wie z. B. isotoner Kochsalzlösung (s. Foto S. 38 r.) oder Ringerlösung (Foto r.), einer Elektrolytlösung. Unter Zuhilfenahme von Einmalspritzen können diese Lösungen auch in Wundtaschen und/oder in Wundhöhlen zur Spülung eingesetzt werden.

Antiseptische Wundlösungen

Als Alternative bzw. zur Folgebehandlung eignen sich antiseptische Wundlösungen. Diese Lösungen haben neben dem eigentlichen Spüleffekt auch eine desinfizierende Wirkung. Moderne Anitseptika wie Octenidin oder Polyhexanid sind gut bis sehr gut verträglich, brennen kaum oder nicht und können zur Spülung und gleichzeitiger Desinfektion eingesetzt werden.
Povidon-Iodin Form einer wässerigen 10%igen Lösung ist neben silberhaltigen Präparaten ein weiteres Antiseptikum, das sich aufgrund seines breiten Wirkungsspektrum sehr gut zur Wundspülung und Desinfektion eignet. Diese jodhaltigen Präparate verursachen ebenfalls nur in seltenen Fällen Schmerzen.
Um dem Hund bei der Wundreinigung unnötige Schmerzen zu ersparen, werden sinnvollerweise nur gut verträgliche Präparate eingesetzt. Trotz der genannten Einschränkungen in seltenen Fällen sind die vorstehend aufgeführten Präparate zu empfehlen.

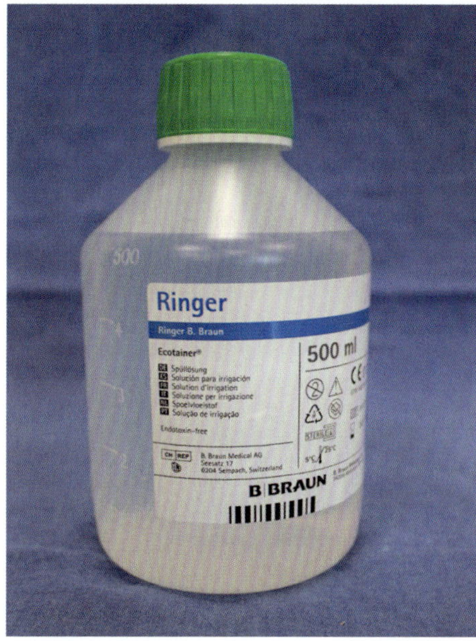

500 ml-Schraubverschluss-Flasche mit Ringerlösung. Sie ist für Wundspülungen geeignet, Druck lässt sich mit ihr aber nicht aufbauen.

NEBENWIRKUNGEN

Octenidinhaltige Präparate, die mit höherem Spüldruck und/oder in tieferen Wundschichten eingesetzt werden, können zu Gewebeschädigungen führen. Die desinfizierende Wirkung polyhexanidhaltiger Lösungen tritt dagegen nur langsam ein. Bei Povidon-Iod-haltigen Lösungen kann es in sehr wenigen Fällen bei der Anwendung zu allergische Reaktionen oder Juckreiz kommen.

Temperatur der Spüllösungen

Für Spülungen gilt grundsätzlich: „Viel hilft viel." Bedacht werden muss allerdings, dass kalte Spüllösungen einen bereits unterkühlten Hund weiter auskühlen können. Die Temperatur der Spülung spielt also eine wich-

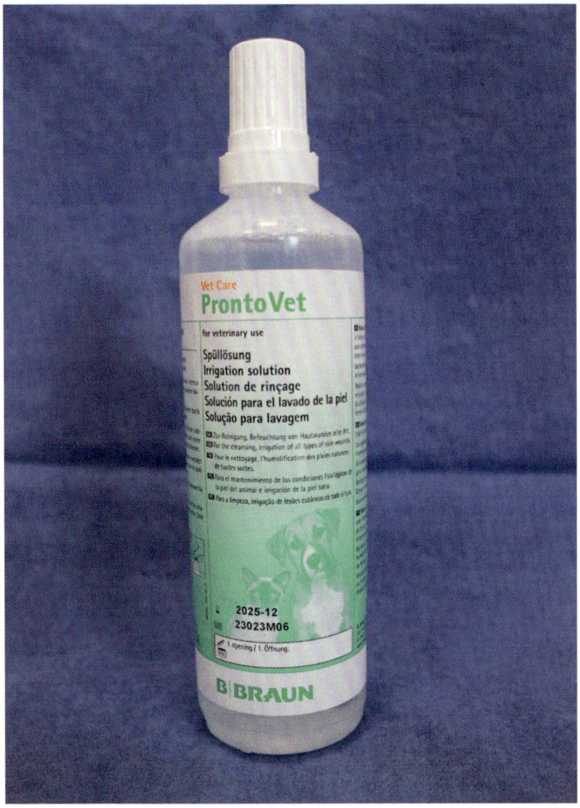

01

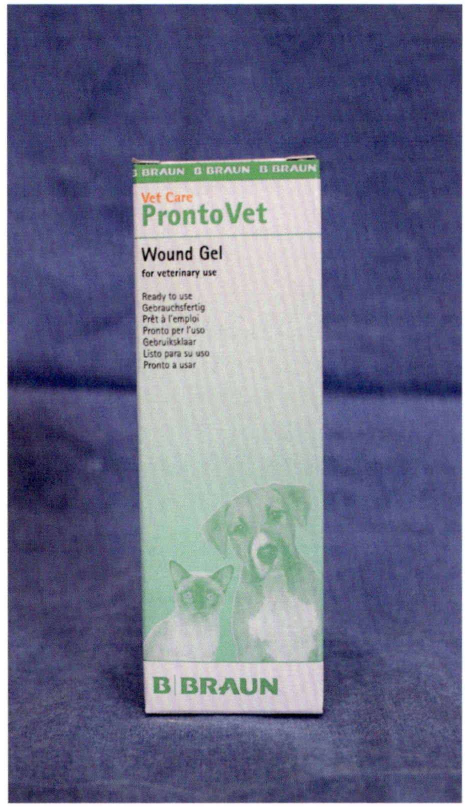

02

01 Polyhexanidhaltiges Präparat zum Einsatz in der Tiermedizin. Diese Flasche kann zum Spülen mit Druck verwendet werden.

02 Polyhexanidhaltiges Gel zur Wundbehandlung. Dank Gel bleibt der Wirkstoff länger in der Wunde als bei Spüllösung.

03 Povidon-Iod-haltige Lösung in einer kleinen Flasche. Sie findet überall Platz.

03

tige Rolle, im besten Fall ist die Lösung körperwarm. Dies lässt sich im Jagdbetrieb kaum praktikabel umsetzen. Oft hilft es aber schon, wenn man die Spüllösung vor dem Einsatz kurze Zeit am eigenen Körper unter der Kleidung aufwärmt.

BLUTSTILLUNG

Sind kleinere Blutungen vorhanden, kann versucht werden, sie durch manuellen Druck zu stoppen. Das mag z. B. mit einer (sterilen) Kompresse gelingen, die so lange auf die betroffene Stelle gedrückt wird, bis die Blutung zum Stillstand kommt. Andere Möglichkeiten sind, einen Druckverband anzulegen oder eine Arterienklemme einzusetzen (s. „Blutstillung“, S. 53).

WUNDAUFLAGEN

Um die Wunde(n) vor weiterer Kontamination und Schäden zu schützen, sollte(n) sie entweder abgedeckt oder verschlossen werden. Dazu werden sterile, möglichst mit sterilen Spüllösungen befeuchtete Kompressen oder Wundauflagen auf die Wunde gelegt und mit einem Verband aus Mullbinden oder einer Schlauchgaze fixiert.
Es gibt eine sehr große Bandbreite an Wundauflagen für unterschiedliche Indikationen und Wundtypen. Sie besitzen desinfizierende und/oder wundheilungsfördernde Komponenten und weisen nur ein geringes Verklebungsrisiko mit der Wunde auf. Dies gestattet ihren schmerzfreien Wechsel – ein Aspekt, der bei Hunden insbesondere im Falle längerer Verbandstherapien von Bedeutung ist.

Fixierung – Folie am Rumpf …

Am Rumpf lassen sich konventionelle Verbände zur Fixierung von Kompressen oder Wundauflagen nur mit Übung und einem hohen Zeit- und Materialaufwand anlegen. Statt eines solchen konventionellen Verbands kann zum gleichen Zweck wieder Frischhaltefolie eingesetzt werden (s. „Perforierende Verletzungen des Brustkorbs“, S. 60).

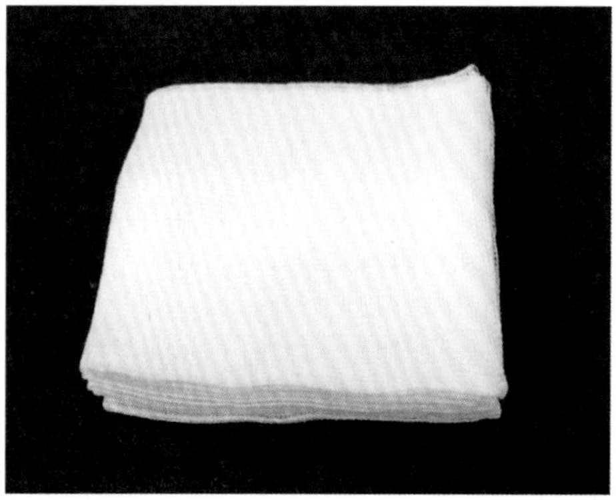

Sterile Kompressen eignen sich gut zur Wundabdeckung.

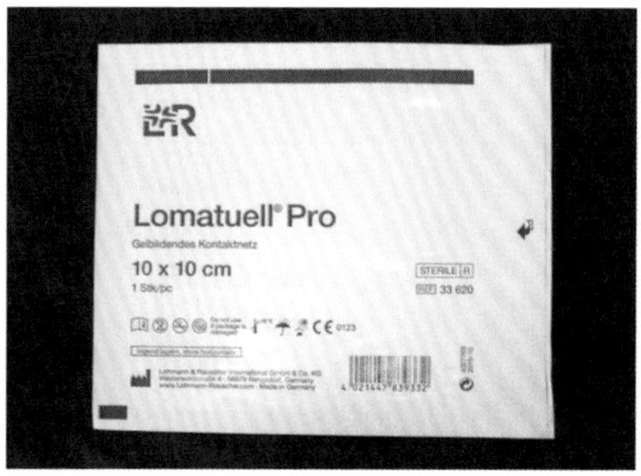

Beispiel für eine Wundauflage in einer sterilen Verpackung

… Verband an den Gliedmaßen

Gut lassen sich konventionelle Verbände hingegen an den Gliedmaßen anlegen, die einzelnen Schritte hierzu werden weiter unten ausführlich beschrieben. Ragt ein größerer Fremdkörper aus einer Wunde heraus, wird er bei der Wundabdeckung so umpolstert, dass weitere Verletzungen verhindert werden. Ist ein Verband nicht sinnvoll, nur mit sehr viel Aufwand und/oder nur mit Schmerzen für den Patienten anzulegen, sollte auf eine Wundabdeckung ganz verzichtet werden.

KLAMMERN – NUR TEILWEISE!

Eine weitere Möglichkeit der temporären Wundabdeckung besteht darin, die Wunde mit einem – vorzugsweise sterilen – Hautklammergerät teilweise zu verschließen.

Diese Methode bietet sich vor allem an den Stellen an, an denen ein Verband nicht angelegt werden kann. Dazu werden die Wundränder mit einer Pinzette vorsichtig zusammengezogen, bis eine kleine Wulst entsteht, und die Klammern dann auf diese Wulst gesetzt. Die Klammerabstände betragen im Regelfall drei bis fünf Millimeter. Im tiefer gelegenen Wundwinkel muss immer eine Öffnung belassen werden, damit Wundflüssigkeiten und/oder Eiter abfließen können. Eine Alternative dazu ist eine Drainage, die vor dem Wundverschluss in die Wunde eingelegt wird. Sie dient dem gleichen Zweck. Als provisorische Drainage eignen sich z. B. Mullbinden.

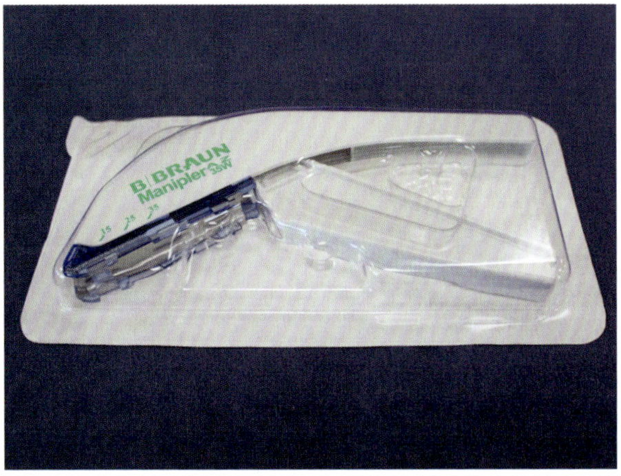

Mit Hautklammergeräten lassen sich Wunden zumindest vorübergehend auch verschließen

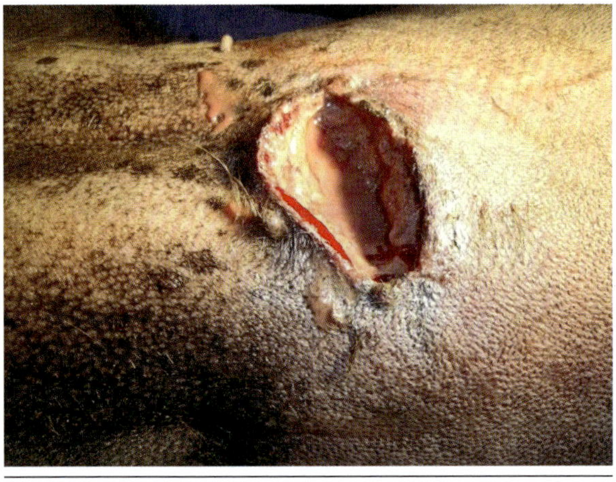

Zunächst geklammerte Bauchdeckenwunde einer Schweißhündin nach erneuter Öffnung: Eiter in der Wunde, massiv entzündetes Gewebe im Umfeld.

Komplettverschluss: Komplikationsgefahr

Die beiden folgenden Beispiele sollen zeigen, welche Komplikationen möglich sind, wenn kontaminierte bzw. infizierte Wunden komplett verschlossen werden.

Beispiel 1 Ein Weimaranerrüde wurde auf einer Jagd in morastigem Gelände im oberen Bereich der linken Kniefalte/Übergang Flanke verletzt, die Traumaursache war unbekannt. Noch vor Ort wurde die Wunde durch einen Tierarzt vollständig verschlossen und der Hund mit einem Antibiotikum und einem Schmerzmittel versorgt. Zwei Tage später war die linke Hintergliedmaße deutlich angeschwollen und warm, der Hund zeigte Schmerzen und ein gestörtes Allgemeinbefinden mit Fieber. Das Foto 01 auf S. 101 zeigt den Zustand nach Eröffnen der ursprünglichen Wunde. In der Tiefe der Wunde kann man durch die Wundöffnung die diffuse, eitrige Entzündung (Phlegmone) der Bauchwand erkennen. Die Wunde ließ sich nach unten bis zum Knie sondieren, war mit übelriechender Flüssigkeit gefüllt, in der Wundhöhle wurden Douglasiennadeln in größerer Zahl und andere Pflanzenteile gefunden. – Die Wundheilung dauerte mehrere Wochen.

Beispiel 2 Auf einer Nachsuche wurde eine Hannoversche Schweißhündin von einer Sau geschlagen und an der Bauchdecke verletzt. Ein Tierarzt versorgte die Wunde chirurgisch und verschloss sie vollständig mit Klammern. Trotz einer Antibiotikumgabe zeigte die Hündin wenige Tage später hohes Fieber und eine Rötung sowie einen deutlichen Druckschmerz im Wundbereich. Nach Lösen der Klammern zeigte sich das Ausmaß der fortgeschrittenen Infektion deutlich (Foto l. u.). Die Wundhöhle war mit Eiter

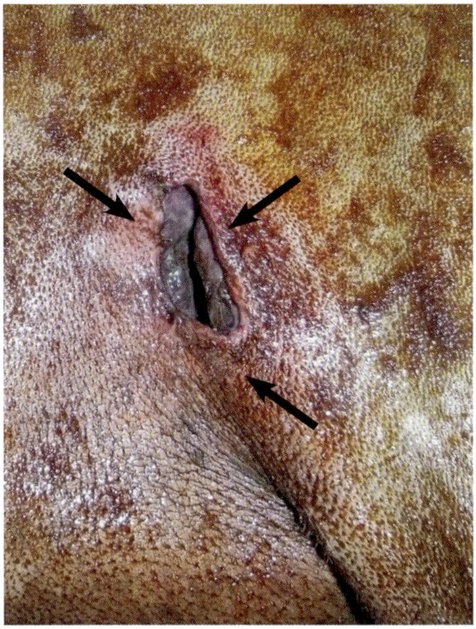

01

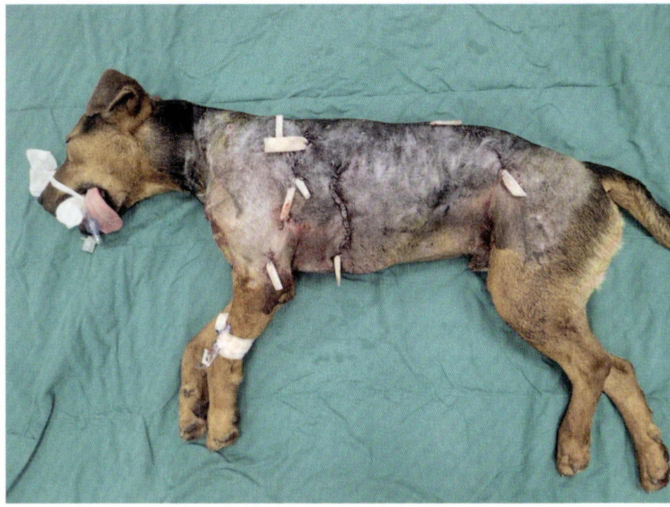

02

01 Die Wunde des Weimaraners nach Öffnung (s. Text). Im Bereich der Kniefalte ist die entzündlich veränderte Bauchwand zu erkennen.

02 Der geschlagene Hund von Seite 8 nach der chirurgischen Versorgung. Manche Wunden wurden nicht vollständig verschlossen, andere mit Drainagen versorgt.

gefüllt, das umliegende Gewebe durch die Infektion stark in Mitleidenschaft gezogen. Bei der Neuversorgung der Wunde mussten Teile der Gesäugeleiste und der Bauchdecke entfernt werden, um eine Wundheilung sicherstellen zu können.

Beide Beispiele unterstreichen eindrücklich, dass ein vollständiger Wundverschluss bei Wunden, die im jagdlichen Einsatz entstehen und immer als kontaminiert oder infiziert gelten, unterbleiben muss.

FORTSETZUNG DER THERAPIE

Neben einer guten Erstversorgung ist auch eine adäquate tiermedizinische Fortführung der Therapie notwendig. Daher müssen auch Hunde mit kleineren Wunden nach der Erstversorgung noch dem Tierarzt/ der Tierklinik zur weiteren Diagnostik und Therapie vorgestellt werden.

Die genaue Therapie richtet sich immer nach dem Einzelfall. Sie kann eine chirurgische Versorgung, den Einsatz eines Antibiotikums und/oder Schmerzmittels sowie/ oder eine lokale Wundtherapie beinhalten. Das Foto oben rechts zeigt den geschlagenen Hund von Seite 8 nach Abschluss der chirurgischen Versorgung. Teilweise wurden sogenannte Penrose-Drainagen gelegt, teilweise wurden die Wunden nicht vollständig verschlossen. Ihre Heilung verlief ohne Komplikationen.

ACHTUNG

Kleinere oder versteckt liegende Wunden werden oft übersehen, wenn offensichtliche, größere Wunden vorhanden sind. Letztere werden in aller Regel bezüglich ihrer klinischen Relevanz überschätzt, während kleine Wunden meist unterschätzt werden.

ANLEGEN EINES PFOTENVERBANDS

Vorhandene Wunden werden sorgfältig gereinigt und anschließend mit sterilen Wundauflagen abgedeckt, wie weiter vorn beschrieben. Die Fotostrecke auf den Seiten 103 und 104 stellt das Anlegen eines Pfotenverbands Schritt für Schritt in Bildern dar.

NASS, VERRUTSCHT ODER SCHLECHTER SITZ

Sind Verbände aus welchen Gründen auch immer nass geworden – das eingesetzte Verbandsmaterial ist ja nicht wasserfest –, befinden sie sich nicht mehr in der richtigen Position und/oder sitzen sie in anderer Hinsicht nicht richtig, müssen sie umgehend entfernt werden! Das Risiko von dadurch ausgelösten Folgeschäden ist nicht zu unterschätzen! Besser als solche unzulänglichen „Wickel" ist gar kein Verband!

Materialbedarf Pfotenverband

- ☐ Handschuhe
- ☐ Sterile Wundspülungslösungen oder antiseptische Lösungen
- ☐ Sterile Wundauflage(n)
- ☐ Polsterwatte/Naturwatte
- ☐ Mullbinden
- ☐ Elastisches Verbandsmaterial
- ☐ Rollenpflaster

TIPP

Gegen Feuchtigkeit können Verbände mithilfe einer Plastiktüte oder eines Handschuhs für kurze Spaziergänge, sprich zeitlich begrenzt, vor Feuchtigkeit geschützt werden.

Polsterung

Die Zwischenzehenbereiche werden mit ausreichend Polsterwatte oder Naturwatte gepolstert. Hierbei dürfen die Daumen- oder die Wolfskralle nicht vergessen werden (Fotos 01 und 02)!
Im nächsten Schritt wird die Polsterwatte eingesetzt. Sie wird von der Oberseite der Pfote auf die Unterseite der Pfote gelegt und von dort wieder zurück zur Oberseite (03).
Nun wird die Polsterwatte um 90 Grad gedreht und von rechts nach links um die Pfote langsam nach oben gewickelt. Die Lagen sollten sich zu ca. einem Drittel überlappen. Danach wird die Watte erneut von oben nach unten gewickelt. Mindestens das nächste Gelenk, also das Handwurzelgelenk (Karpalgelenk) bzw. das Sprunggelenk (Tarsalgelenk) müssen miterfasst werden.
Die Watte wird dabei im sogenannten Fischgrätmuster angelegt. Dies bedeutet, dass sie leicht schräg in eine Richtung nach oben und danach leicht schräg nach unten gewickelt wird. An besonders exponierten Stellen, wie z. B. dem Fersenbein oder den Knöcheln, kann Naturwatte zur Polsterung eingesetzt werden (04). Insgesamt gilt: lieber mehr als zu wenig Polsterwatte verwenden.
Ist eine Rolle Polsterwatte aufgebraucht, wird eine neue Rolle leicht überlappend auf das Ende der letzten Rolle gelegt und weitergewickelt.

Verbinden

Dieses Prinzip wird nun mit der Mullbinde wiederholt. Sie wird zunächst von der Pfotenoberseite zur Pfotenunterseite gelegt und anschließend im Fischgrätmuster von unten nach oben und wieder zurück gewickelt (05 bis 08). Oben sollte ein kleines Stück Polsterwatte herausschauen, damit die Mullbinde nicht einschneidet.
Als letzte Schicht folgt schließlich das elastische Verbandsmaterial. Es wird nach dem gleichen Muster wie die Polsterwatte und die Mullbinde angelegt (09 und 10).

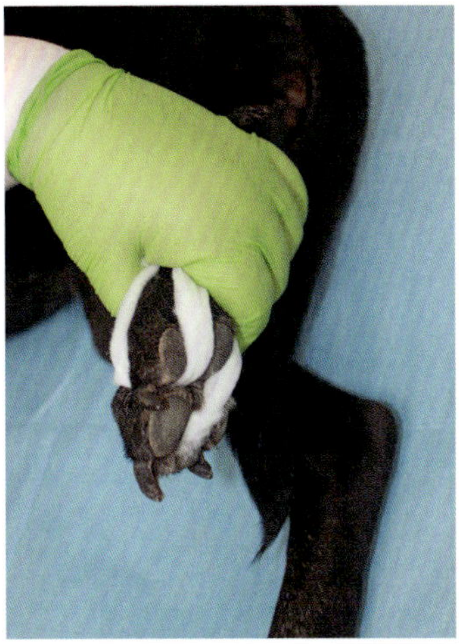

01

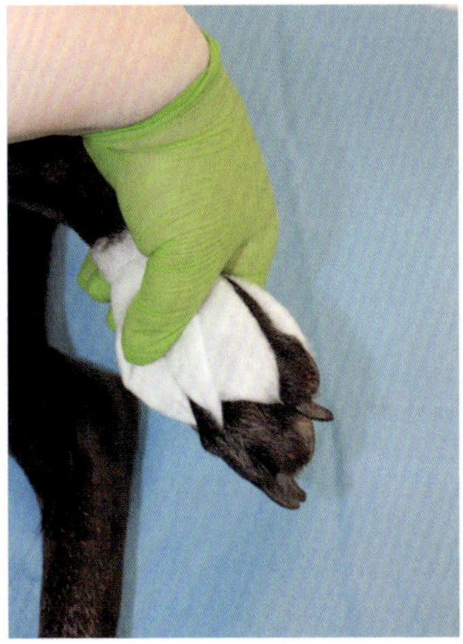

02

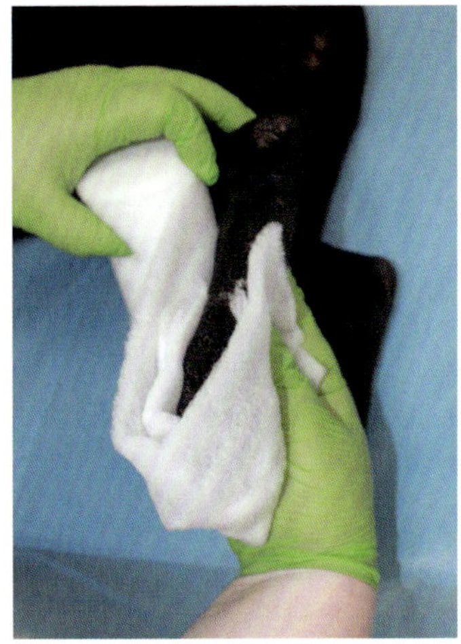

03

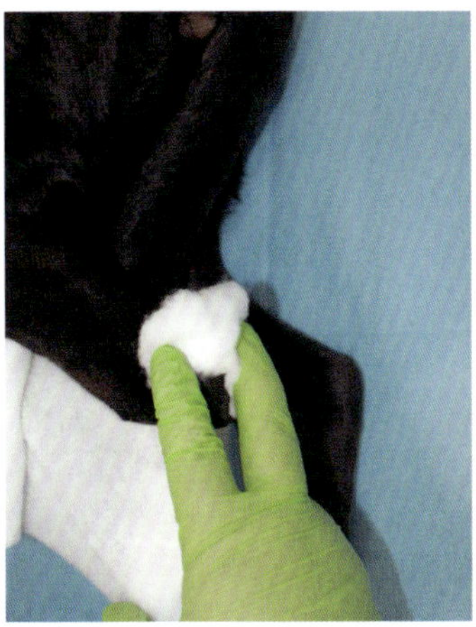

04

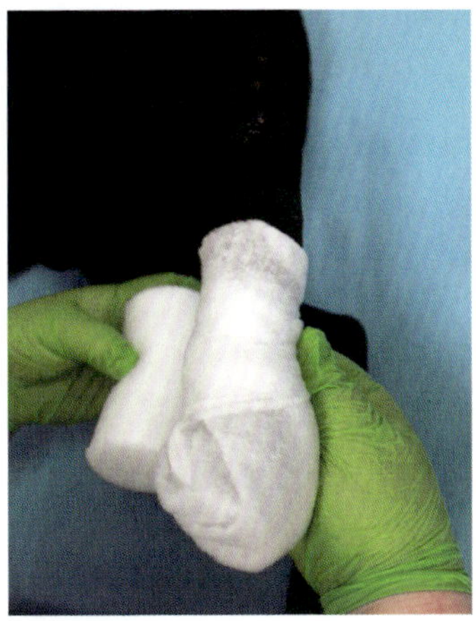

05

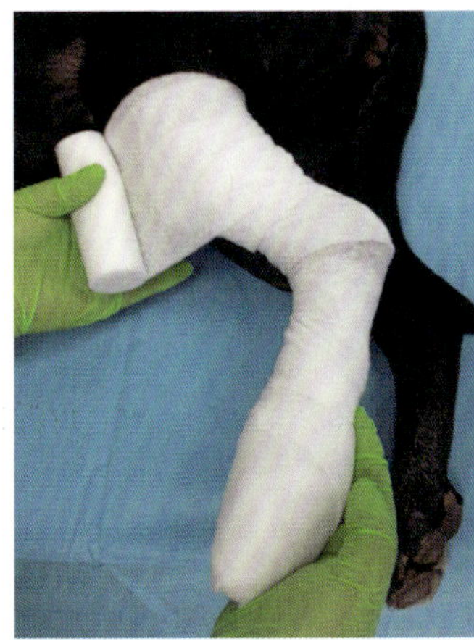

06

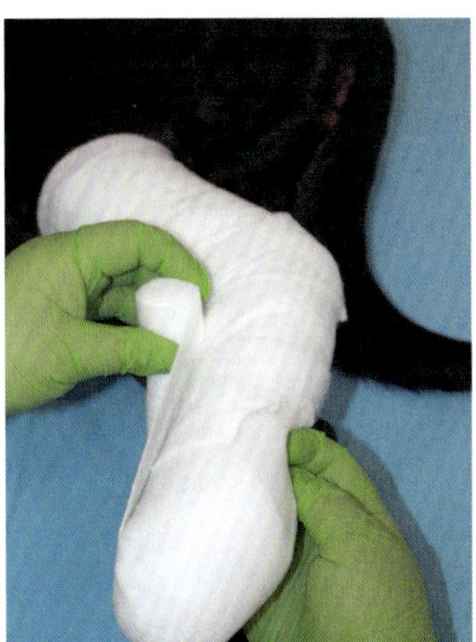

07

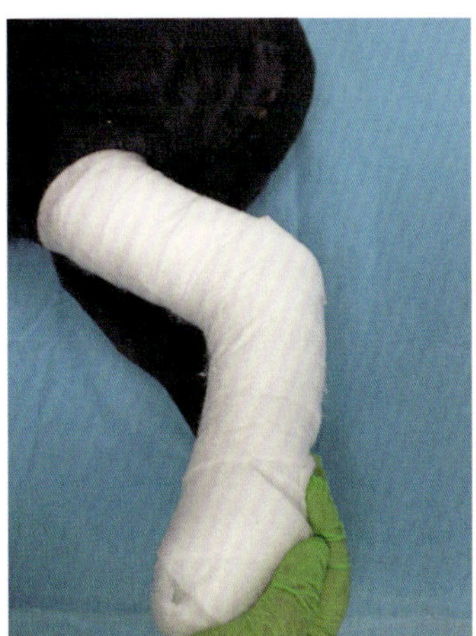

08

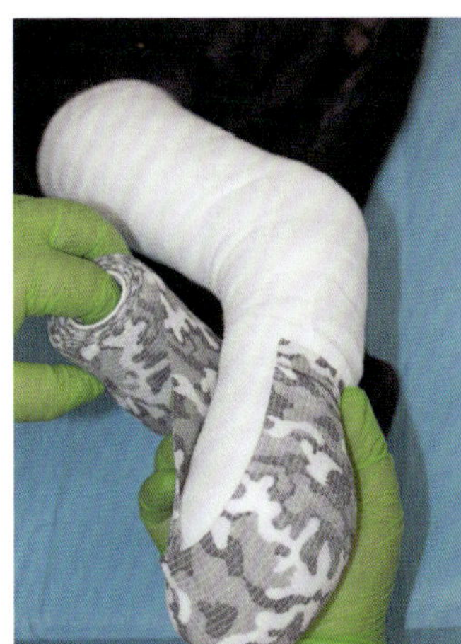

09

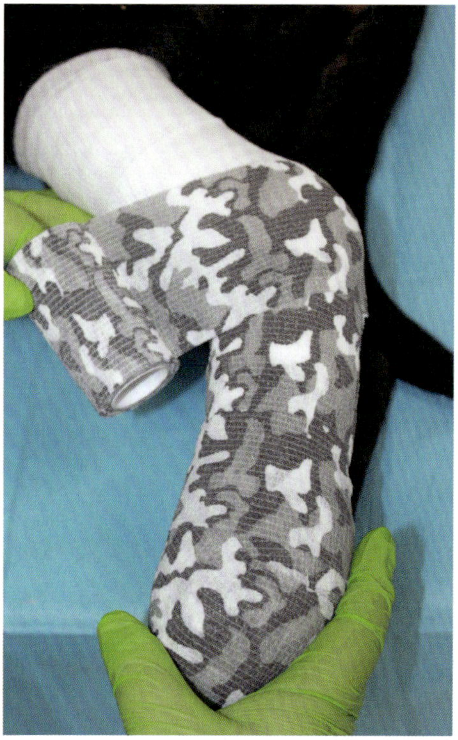

10

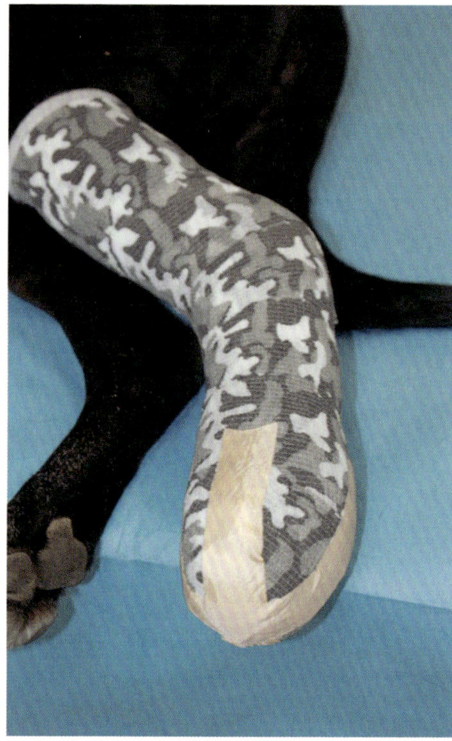

11

Wichtig ist, das elastische Verbandsmaterial nicht zu fest zu wickeln. Geschieht dies, kann das zu Durchblutungsstörungen führen. Die elastischen Binde(n) werden mit Rollenpflaster fixiert. Sowohl an der oberen Kante, als auch der Sohlenfläche erfährt der Verband dadurch eine Verstärkung (11). Den Verband mit Hilfe des Rollenpflasters im Fell zu verkleben, sollte vermieden werden. Im Rahmen der Ersten Hilfe wird der Verband grundsätzlich in der anatomisch korrekten Grundstellung der Pfote/Gliedmaße angelegt (12).
Ein zirkulärer Verband um eine Verletzung an einer Gliedmaße eines Hundes, ohne dessen Pfote darin einzubinden, lässt sich sehr schnell und einfach auch mit wenig Material anlegen (Foto S. 105). Allerdings rutschen solche Verbände ausgesprochen leicht und verlieren dann ihren Sinn, außerdem können sie Durchblutungsstörungen zur Folge haben.

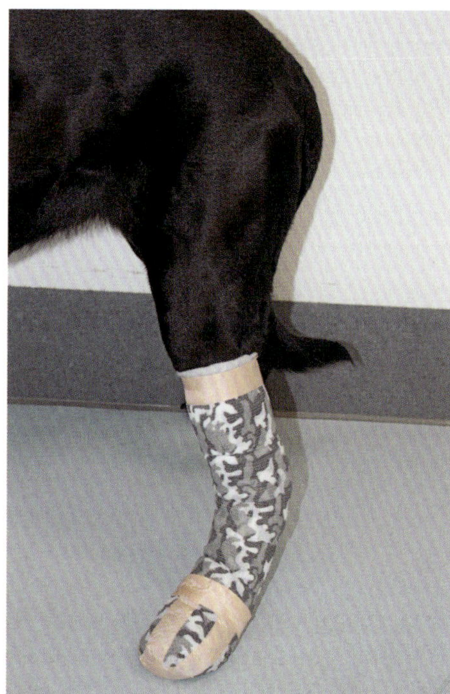

12

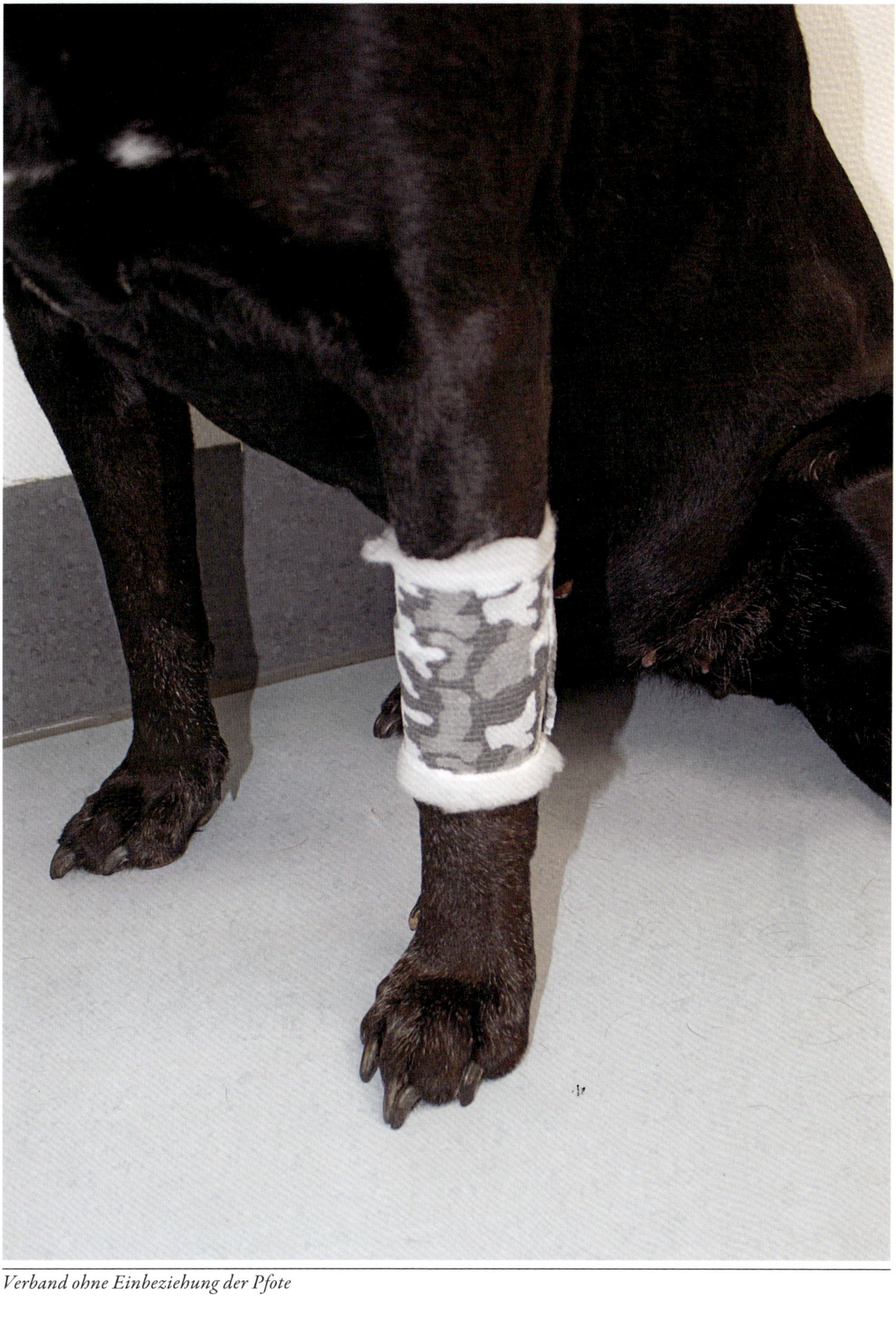

Verband ohne Einbeziehung der Pfote

KREISLAUF, HITZE, KÄLTE

SCHOCK

Unter dem Begriff Schock versteht man ein lebensbedrohliches Krankheitsbild, das in letzter Konsequenz zu einer generalisierten Sauerstoffunterversorgung (Hypoxie) und damit zu einem Stoffwechselversagen sowie dem Tod des Hundes führen kann. Diese Hypoxie kommt durch eine massive Störung der Durchblutung von kleinsten Blutgefäßen (Arteriolen, Venolen und Blutkapillaren) sowie ein Missverhältnis zwischen dem Sauerstoffangebot und dem Sauerstoffverbrauch zustande. Der Schock ist ein multifaktorielles, sehr komplexes Geschehen, dass sowohl akut als auch verzögert auftreten kann.

SCHOCKFORMEN

Es gibt eine Reihe von verschiedenen Schockformen, die in der Veterinärmedizin nach ihren Ursachen benannt werden und sich in drei Gruppen unterteilen lassen:

Gruppe 1

— Volumenmangelschock
— Traumatischer Schock
— Verbrennungsschock
— Neurogener Schock
— Anaphylaktischer Schock
— Endotoxinschock

Gruppe 2 Septischer Schock

Gruppe 3 Kardiogener Schock

Mehrere Schockformen können bei einem Patienten zeitgleich vorliegen, sodass eine klare Trennung nicht immer möglich ist. Der Volumenmangelschock, der traumatische Schock sowie der neurogene Schock sind die Formen, die am häufigsten bei verletzten Jagdhunden beobachtet werden können. Das Wissen um die anderen Schockformen ist trotzdem wichtig, da diese auch außerhalb des Jagdeinsatzes auftreten können. Beispiele hierfür wären der anaphylaktische Schock nach Insektenstichen, der Endotoxinschock bei jungen Welpen mit sehr schweren Infektionen des Magen-Darm-Traktes oder der kardiogene Schock bei Dackeln mit einer Mitralklappeninsuffizienz im Endstadium – die Mitralklappe ist eine von vier Herzklappen.

SCHOCKFORMEN GRUPPE 1

Volumenmangelschock

Beim Volumenmangelschock gibt es eine relative und eine absolute Form. Bei dem relativen Volumenmangelschock kommt es zu einer Umverteilung bzw. Versackung des Blutes im Gefäßsystem. Dies ist dadurch zu erklären, dass die Blutgefäße durch eine Abnahme des Strömungswiderstandes sowie eine Erweiterung der Gefäße mehr Blut aufnehmen können als üblich. Die Folge ist ein Absinken des Blutdruckes sowie eine Verringerung der Organdurchblutung und des Blutrückflusses zum Herzen. Letzteres kann je nach Schweregrad zum kardiogenen Schock führen.
Der absolute Volumenmangelschock entsteht durch einen Flüssigkeitsverlust im Gefäßsystem von 30 % bis 40 %. Dieser Verlust kann z. B. durch akute Blutungen oder einen Wasserverlust infolge Erbrechens und/oder Durchfalls entstehen.

Traumatischer Schock

Der traumatische Schock ist die Folge unterschiedlicher schockauslösender Ursachen. Dazu gehören u. a. Blutverlust, schwere Prellungen des Herzens und/oder der Lunge,

Nicht selten wird bei unseren Jagdhunden ein Schock durch ein schweres Traum ausgelöst.

Schädigungen (Läsionen) des Gehirns und/oder Rückenmarks sowie großflächige äußere Verletzungen.

Verbrennungsschock

Bei Verbrennungen großer Anteile der Körperoberfläche kann ein Verbrennungsschock auftreten. Ursache hierfür ist der Verlust von Serumproteinen, den im Blut gelösten Salzen (Elektrolyte) und Wasser über die Wundoberfläche sowie die Resorption von Proteinabbauprodukten. Diese Abbauprodukte belasten die Blutgerinnung und können zusätzlich zu einer Vergiftung von Niere und Leber führen. Bei Verbrennungen auftretende, sehr starke Schmerzen können zusätzlich noch einen neurogenen Schock auslösen.

Neurogener Schock

Bei einem neurogenen Schock führt der Ausfall der Regulationsmechanismen des Gefäßtonus und des Herz-Kreislauf-Systems zu einem Kreislaufversagen. Die Blutgefäße sind erweitert und so kommt es wie bei dem relativen Volumenmangelschock zu einem relativen Blutverlust. Bei zentralen Schäden am Gehirn und des Rückenmarkes können zudem Regulationsstörungen u. a. der Atmung und der Temperatursteuerung auftreten. Ein Beispiel für eine solche zentrale Schädigung oder auch Läsion ist ein verletzungsbedingtes Schädel-Hirn-Trauma. Auch plötzlich auftretende sehr starke Schmerzen können einen neurogenen Schock auslösen. Die Wirkung eines waidgerecht ausgeführten Schrotschusses wäre hierfür exemplarisch.

Anaphylaktischer Schock

Der anaphylaktische Schock wird in aller Regel durch körperfremde Faktoren wie z. B. Insektengift oder Arzneimittel ausgelöst. Als Reaktion auf diese Faktoren setzt der Körper eigene Substanzen frei, die wiederum auf die Blutgefäße wirken.

Diese Substanzen führen zu einer Erweiterung der Arteriolen vor dem Kapillarbett – dem Abschnitt des Gefäßsystems, das von Kapillaren gebildet wird – und einer Verengung der Venolen dahinter. Die Folge ist eine Stauung oder ein Stillstand des Blutflusses im Bereich des Kapillarbetts mit einer Sauerstoffunterversorgung und Ödembildung.

Endotoxinschock

Werden Bakterientoxine über eine beschädigte Schleimhaut aus dem Magen-Darm-Trakt resorbiert, kann es zu einem Endotoxinschock kommen. Die Toxine, das heißt die von den Bakterien produzierten Giftstoffe, verursachen Blutgerinnungsstörungen und erhöhen die Durchlässigkeit der Gefäßwände. Die Folge sind Ödeme.

SEPTISCHER SCHOCK

Der septische Schock ist eine Reaktion des Körpers auf eine durch Mikroorganismen bedingte, lokale oder generalisierte Infektion. Die Mikroorganismen selbst, ihre Toxine oder durch die Mikroorganismen freigesetzte, körpereigene toxische Substanzen beeinflussen die Organfunktionen negativ. Nach einer initialen Blutdrucksteigerung kommt es trotz Infusionstherapie zu einem massiven Blutdruckabfall sowie immunologischen Reaktionen und Blutgerinnungsstörungen.

KARDIOGENER SCHOCK

Der kardiogene Schock entsteht durch eine stark verminderte Pumpleistung des Herzens. Die Ursachen hierfür können vielfältig sein. Neben direkten Herzerkrankungen, wie z. B. Erkrankungen des Herzmuskels (Kardiomyopathien), Herzinsuffizienzen, Herzklappeninsuffizienzen und Herzrhythmusstörungen, können die Ursachen aber auch außerhalb des Herzens liegen. Dazu gehören u. a. Lungenembolien, ein Spannungspneumothorax, ein Herzbeutelerguss und starke Druckerhöhungen im Bauchraum mit einem verminderten venösen Rückfluss ins Herz. Letzteres ist häufig bei der Magendrehung zu beobachten.

SCHOCKANZEICHEN

Die Schockformen voneinander unterscheiden zu können, ist weit weniger wichtig, als den Schockzustand als solchen sicher zu erkennen. Je früher ein Schock diagnostiziert wird und eine entsprechende Therapie einsetzt, umso besser ist die langfristige Prognose für den Patienten.
Der Verlauf eines Schockgeschehens kann in drei Stadien eingeteilt werden, die sich auch anhand der klinischen Symptome unterscheiden lassen. Diese Stadien sind

1. der kompensierte Schock,
2. der dekompensierte Schock,
3. der terminale Schock.

ERSTES STADIUM

Im ersten Stadium, dem kompensierten Schock, versuchen die Hunde, mit körpereigenen Regulationsmechanismen den sich anbahnenden Schock zu bekämpfen. Sie weisen keine oder nur geringe Bewusstseinsstörungen auf und zeigen häufig Unruhe und Angstzustände. Zudem entsteht der Eindruck, dass der Hund friert.
Die Atemfrequenz liegt im Normbereich oder ist leicht erhöht. Der Puls ist gut tastbar und zeigt eine gesteigerte Frequenz (das gilt nicht für den kardiogenen und neurogenen Schock). Der Blutdruck ist noch im physiologischen Rahmen oder nur leicht erniedrigt. Die kapilläre Rückfüllungszeit liegt unter zwei Sekunden. Mit Ausnahme des septischen, des neurogenen und des anaphylaktischen Schocks zeigt sich die Haut blass und kalt. Eine annähernd normale Durchblutung und Sauerstoffversorgung sind noch vorhanden. Dieses Stadium kann der Hund ohne Hilfe von außen bewältigen.

In welchem Schockstadium sich ein Hund befindet, lässt sich u. a. an der Atem- und Pulsfrequenz erkennen.

ZWEITES STADIUM

Versagen die körpereigenen Regulationsmechanismen, gelangt der Hund ins Stadium des dekompensierten Schocks. Es treten erkennbare Bewusstseinstrübungen auf, der Hund reagiert nur noch eingeschränkt auf seine Umwelt bzw. auf optische und akustische Reize. Die Atmung wird flach, die Atemfrequenz steigt deutlich an. Die Pulsfrequenz erhöht sich ebenso, während der Blutdruck im Vergleich zum ersten Stadium absinkt. Der Puls ist jedoch noch tastbar. Die kapilläre Rückfüllungszeit liegt über zwei Sekunden und ist somit verzögert.
Die Maulschleimhäute sind, genauso wie die Haut, blass, kalt und zyanotisch. Die Durchblutung ist erniedrigt und es kommt zu einer beginnenden Sauerstoffunterversorgung. Mit Hilfe einer gezielten Notfalltherapie, wie z. B. Infusionen und Sauerstoffgabe, ist der Schockzustand noch umkehrbar.

DRITTES STADIUM

Im dritten Stadium, dem terminalen Schock, kommt es zu irreversiblen Organschäden und schließlich zum Multiorganversagen. Der Patient verliert sein Bewusstsein und die Atmung flacht immer weiter ab, verlangsamt sich dabei und wird zunehmend unregelmäßiger. Die Pulsfrequenz ist erhöht und der Puls selbst kaum noch tastbar. Weder die kapilläre Rückfüllungszeit noch der Blutdruck sind messbar. Die Haut ist kalt und die Schleimhäute erscheinen grau bis violett. Dieses Schockstadium ist nicht mehr umkehrbar.

☞ SCHOCKSTADIEN UND IHRE KLINISCHEN SYMPTOME

	STADIUM I – KOMPENSIERTER SCHOCK	STADIUM II – DEKOMPENSIERTER SCHOCK	STADIUM III – TERMINALER SCHOCK
Bewusstsein	normal, Unruhe, Angst	getrübt	bewusstlos
Atmung	normal o. leicht erhöht	flach, Frequenz erhöht	sehr flach, verlangsamt u. unregelmäßig
Puls	Frequenz erhöht, gut tastbar*	Frequenz stark erhöht, schlecht tastbar	Frequenz erhöht, kaum tastbar
Blutdruck	normal o. leicht erniedrigt	erniedrigt	nicht tastbar/messbar
Kap. Rückfüllzeit	< 2 Sekunden	> 2 Sekunden	nicht messbar
Maulschleimhaut	blass	blass, blau (zyanotisch)	grau/violett
Haut	blass u. kalt**	blass, kalt und zyanotisch	kalt, grau

* Nicht bei kardiogenem oder neurogenem Schock
** Nicht bei septischem, neurogenem oder anaphylaktischem Schock

AKUTMASSNAHMEN

Zuerst sollten offensichtliche, einen Schock auslösende Ursachen beseitigt werden. Einfach möglich wäre das beispielsweise bei Fremdkörpern in den Atemwegen oder sehr starken Blutungen.

UNTERSUCHUNG IN RUHE

Besteht bei einem verletzten Hund der Verdacht auf einen Schock, muss ihm die Signal- oder Schlagschutzweste abgenommen und er an einen möglichst warmen und ruhigen Ort gebracht werden. Eine kurze Untersuchung („Ein-Minuten-Diagnose", s. S. 20) zeigt, ob und welche Verletzungen vorliegen und ob der Hund Schocksymptome zeigt. Ein ruhiger Umgang mit dem Tier ist wichtig, um eine unnötige Aufregung und damit auch eine unnötige Herz-Kreislauf-Belastung zu vermeiden.

WEICHE, WARME LAGERUNG

Den Hund weich zu lagern, ist hilfreich, um eventuelle Schmerzen zu minimieren. Um eine Auskühlung zu verhindern, wird er in eine Decke und zusätzlich die Rettungsdecke aus dem Ersten-Hilfe-Kasten gewickelt.

Ist das Tier bei Bewusstsein und erlaubt es sein Zustand, kann ihm auch Flüssigkeit angeboten werden.
Wenn der Hund bewusstlos ist, aber Spontanatmung sowie einen deutlichen Herzschlag und einen Puls zeigt, bringt man ihn in die stabile Seitenlage. Kommt es zum Atem- oder Herz-Kreislauf-Stillstand, kann ein Reanimationsversuch eingeleitet werden (s. Kap. „Wiederbelebung“, S. 42).
Und erneut lautet der dringende Rat, jeden Hund mit Verdacht auf einen Schock zur weiteren Diagnostik und Therapie in veterinärmedizinische Hände zu geben.

STABILE SEITENLAGE

Bewusstlose Hunde werden idealerweise in stabiler Seitenlage gelagert. Hierzu wird eine trockene, weiche Unterlage auf dem Boden ausgebreitet und der Hund mit der rechten Körperseite daraufgelegt. Zusätzlich kann der hintere Teil des Hundes erhöht (Jacke/Decke) gelagert werden, um den Blutrückfluss zum Herzen zu erleichtern. Besteht der Verdacht auf einen kardiogenen Schock, ist der Brustkorb hoch zu lagern, um das Herz zu entlasten. Zusätzlich werden der Kopf überstreckt sowie die Zunge herausgezogen und so die Atemwege gesichert.

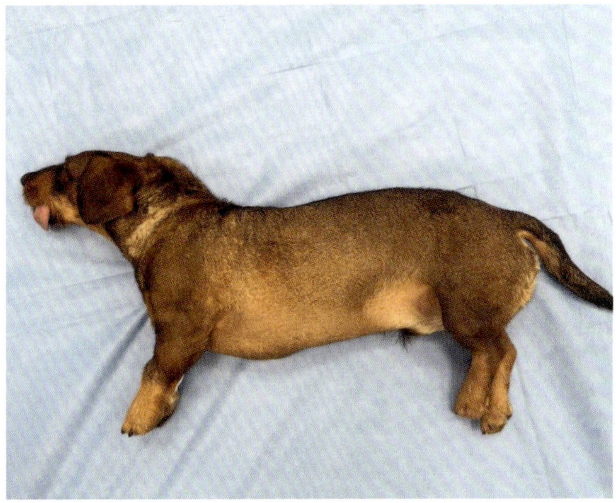

Stabile Seitenlage: Der Kopf des Teckels ist überstreckt, seine Zunge vorgelagert.

Ist der Hund bewusstlos? Dann muss er nach Möglichkeit in die stabile Seitenlage (s. Foto oben) gebracht werden.

UNTERZUCKERUNG

Die Unterzuckerung ist durch einen zu niedrigen Gehalt des Blutzuckers, der Glukose, im Blut des Hundes gekennzeichnet. Ab einem Blutglukosewert von unter 60 mg/dl spricht man von einer Unterzuckerung oder Hypoglykämie.

GRÜNDE

Es gibt eine ganze Reihe von unterschiedlichen Erkrankungen, die als Ursache für eine Hypoglykämie bei Hunden in Frage kommen. Diese Erkrankungen sind jedoch nicht Gegenstand dieses Kapitels. In dessen Rahmen sollen nur die belastungsabhängige Hypoglykämie und deren Erstversorgung behandelt werden.

GERINGE ENERGIERESERVEN

Eine belastungsabhängige Hypoglykämie entsteht durch einen erhöhten Energiebedarf bei starker körperlicher Anstrengung über einen längeren Zeitraum, der nicht durch körpereigene Reserven gedeckt werden kann. Solche Situationen treten bei unseren Jagdhunden schnell bei lang andauernden Bewegungsjagden und/oder Hetzen

Ein solches Übergewicht ist ein deutlicher Hinweis auf eine schlechte Kondition und damit ein erhöhtes Hypoglykämie-Risiko.

auf. Verstärkende Faktoren sind ungünstige Umweltbedingungen, wie extreme Kälte (z. B. Drückjagd im Schnee), große Hitze (z. B. Maisjagd) oder Nässe (z. B. Entenjagd). In solchen Situationen verbrauchen Hunde nicht nur Energie durch die Bewegung, sondern vermehrt auch für die Thermoregulation.

WEITERE FAKTOREN

Die körperliche Verfassung des Hundes spielt in diesem Zusammenhang eine nicht zu unterschätzende Rolle. Ein untrainierter Hund mit schlechter Kondition neigt eher zur Unterzuckerung als ein Hund in gutem Trainingszustand.
Ein erhöhtes Risiko für eine Hypoglykämie besitzen außerdem Hunde, die nüchtern zur Jagd eingesetzt werden. Vollkommen nüchtern sollte ein Hund bei Beginn des Jagens deshalb niemals sein!
Nicht erkannte Vorerkrankungen, wie z. B. Stoffwechselerkrankungen, können das Risiko einer Unterzuckerung ebenfalls begünstigen.

ANZEICHEN VON UNTERZUCKERUNG

Entsprechend dem Schweregrad der Hypoglykämie zeigt der Hund unterschiedlich stark ausgeprägte Symptome. Erste Anzeichen können u. a. Heißhunger, Zittern, Unruhe, eine erhöhte Herzfrequenz sowie ein erhöhter Blutdruck sein. Nimmt der Blutzuckergehalt weiter ab, können Schwäche, Apathie, unsicherer Gang, Koordinationsstörungen und Orientierungslosigkeit als weitere Symptome hinzutreten.
Sinkt der Blutzuckerspiegel unter einen Wert von 30 bis 40 mg/dl ab, sind schwere neurologischen Symptome wie Krampfanfälle und Bewusstlosigkeit bis hin zum Koma die Folge sowie, ohne Therapie, schließlich auch der Tod des Hundes.

TIPP
Im Notfall kann einem unterzuckerten Hund auch herkömmlicher Haushaltszucker verabreicht werden. Möglich ist dann allerdings, dass das Tier Durchfall bekommt.

MASSNAHMEN

Besteht anhand der klinischen Anzeichen bei einem Hund der Verdacht einer Hypoglykämie, sollten zunächst andere Ursachen für diese Symptome und offensichtliche Verletzungen durch eine kurze Untersuchung ausgeschlossen werden.
Als Erste Hilfe können dem Hund eine Zuckerlösung, Traubenzucker, Honig oder Glukosesirup verabreicht werden. Je nach seinem Zustand mag der Hund diese Gaben selbstständig aufnehmen oder man trägt sie ihm auf die Maulschleimhaut auf – von dort werden sie schnell resorbiert.
An folgender Faustregel kann man sich orientieren: Pro zehn Kilogramm seiner Körpermasse erhält ein Hund eine Tube Glukosesirup (40 g).

ÜBERWACHUNG DER KÖRPERTEMPERATUR

Die Körpertemperatur sollte während der Therapie regelmäßig rektal mit Hilfe eines Thermometers bestimmt werden. Sowohl unterkühlte als auch überhitzte Hunde benötigen viel Energie für die Aufrechterhaltung der normalen Körpertemperatur: Dieser Energieverbrauch verstärkt die Hypoglykämie und erschwert die Therapie. Nasse Hunde sind deswegen abzutrocknen, unterkühlte Tiere vorsichtig aufzuwärmen, überhitzte Hunde vorsichtig zu kühlen (siehe „Hitzeerschöpfung und Hitzschlag“, S. 117, sowie „Unterkühlung“, S. 121). Stress jeder Art ist im Umgang mit diesen Hunden zu vermeiden.

Nach getaner Arbeit kurze Erholungspause am Stand. Die tut gut und verringert das Risiko, in ein Energiedefizit zu geraten.

ACHTUNG

Kann ein Hund nicht selbstständig schlucken oder ist er ohne Bewusstsein, darf ihm kein Futter eingegeben werden! Andernfalls besteht die Gefahr, dass dieses Futter über die Luftröhre in die Lunge gelangt und eine schwere Lungenentzündung auslöst. Auch Zuckerlösungen sollten in einem solchen Fall nur vorsichtig auf die Maulschleimhaut aufgebracht werden, um eine Aspirationspneumonie zu verhindern.

JAGD VORBEI UND NACHBEHANDLUNG

Selbst wenn sich der Hund nach der Ersten Hilfe durch die Zuckergabe schnell erholt, darf er trotzdem am selben Tag keinesfalls weiter jagdlich eingesetzt werden! Die Kontrolle des Blutzuckerspiegels sowie ggf. eine weitere Diagnostik und Therapie in einer tierärztlichen Einrichtung sind zu empfehlen. Hat der Hund im Rahmen der Ersten Hilfe ausreichend Energie in Form von Zucker und/oder Futter erhalten, wird sich der Blutzuckergehalt bei der Kontrolle vermutlich wieder im Normalbereich befinden. Falls nicht, kann die Therapie unter tierärztlicher Kontrolle fortgeführt werden.

PRÄVENTIVE MASSNAHMEN

Das Risiko einer Hypoglykämie lässt sich durch adäquate Fütterung minimieren. Hierzu wird den Hunden am Abend vor der Jagd ausreichend energiereiches Futter zur Verfügung gestellt. Am Jagdtag sollten die Hunde vor dem Einsatz etwa ein Drittel ihrer normalen Futterportion und ausreichend Wasser erhalten.

Direkt nach dem Jagdeinsatz erhalten auch klinisch unauffällige Hunde zur Vermeidung einer Hypoglykämie Zugang zu Futter und Wasser. Ein trockener, entsprechend den Außentemperaturen gut temperierter Raum sollte den Tieren sowohl vor als auch nach der Jagd zur Verfügung gestellt werden.

Grundsätzlich ist außerdem darauf zu achten, Jagdhunde nur entsprechend ihrer Kondition und ihrem Alter einzusetzen. Bei regelmäßig durchgeführten tierärztlichen Kontrollen können frühzeitig Hypoglykämie begünstigende Erkrankungen wie z. B. eine Zuckerkrankheit *(Diabetes mellitus)*, ein Insulin produzierender Bauchspeicheldrüsentumor (Insulinom) sowie Leber- und Nierenerkrankungen erkannt werden.

HITZEERSCHÖPFUNG UND HITZSCHLAG

Man kann zwischen der *Hitzeerschöpfung* und dem *Hitzschlag* differenzieren. Körperkerntemperaturen über 39,5 °C, die auf einer unzureichenden Wärmeabgabe beruhen, führen zu einer Hitzeerschöpfung mit reduzierten Körperfunktionen. Ab einer Körperkerntemperatur von 41 °C besteht die Gefahr eines Hitzschlags. Und steigt die Temperatur über 42 °C, befindet sich der Hund in akuter Lebensgefahr.

URSACHE

Hunde besitzen nur an den Ballen und am Nasenspiegel Schweißdrüsen Diese Flächen reichen aber nicht aus, um bei hohen Außentemperaturen und/oder schwerer körperlicher Arbeit für eine ausreichende Kühlung zu sorgen.

„GEGENWEHR"

Kommt es zu einer Erhöhung der Körpertemperatur, werden im ersten Schritt dünn behaarte Körperregionen stärker durchblutet, um so eine vermehrte Wärmeabgabe und somit eine Abkühlung zu erzielen. Reicht dies nicht aus, versuchen Hunde zusätzlich, über Hechelatmung (evaporative Atmung) ihre Körpertemperatur zu senken. Beim Hecheln wird über die Atemluft Wasserdampf abgeben und so eine Kühlwirkung erzielt. Allerdings führt massive Hechelatmung zu einem nicht unerheblichen Flüssig-

Der Hund sucht Schatten, sein Körper versucht gegenzusteuern – u.a. durch verstärktes Hecheln.

keitsverlust, der das Krankheitsbild der Hitzeerschöpfung verstärken kann.

HYPERTHERMIE

Bewirken diese Mechanismen immer noch nicht genug, kommt es durch die unzureichende Wärmeabgabe zu einem Anstieg der Körperkerntemperatur (Hyperthermie). Dies kann bei hohen Außentemperaturen, insbesondere bei gleichzeitiger hoher Luftfeuchte, und/oder durch starke körperliche Anstrengung geschehen. Der erste Fall ist die klassische Form der Hyperthermie. Bei der anstrengungsbedingten Hyperthermie wird die Wärme im Wesentlichen von der Skelettmuskulatur produziert und kann nicht in ausreichender Menge und Geschwindigkeit abgegeben werden. Meist liegen Mischformen beider Hyperthermieformen vor.
Bei Jagdhunden sind z. B. Maisjagden eine typische Ursache für eine Hyperthermie oder Nachsuchen in einem Rapsfeld bei schwülwarmer Witterung.

DAS GESCHEHEN IM HUNDEKÖRPER

Ab einer Körperkerntemperatur von über 40°C verlieren die körpereigenen Proteine ihre normale Struktur und damit auch ihre Funktion. Der Körper reagiert mit einer Hitzeschockantwort, bei der u. a. Hitzeschutzproteine gebildet werden. Diese sollen die anderen Proteine unterstützen und defekte Proteine zum Abbau kennzeichnen.

> **ACHTUNG**
> Höchst gefährlich ist es, Hunde in einem geschlossenen Fahrzeug zurückzulassen! Selbst bei nur mäßigen Außentemperaturen kommt es unter direkter Sonneneinstrahlung in einem Auto schnell zu einem Temperaturanstieg, der für den Hund lebensbedrohlich ist!

Reichen diese und andere körpereigene Maßnahmen nicht aus, kommt es durch die Hitzeeinwirkung zum massiven Absterben von Körperzellen. Diese abgestorbenen Körperzellen lösen eine sehr starke immunologische Reaktion aus. Letztere verursacht über verschiedene Wege weitere Schäden an den Organen, und das verstärkt wiederum die Immunantwort. Dieser Teufelskreis führt zum Multiorganversagen und schließlich zum Tod.

SYMPTOME

HITZEERSCHÖPFUNG

Erste Symptome einer beginnenden Hitzeerschöpfung sind starkes Hecheln und eine erhöhte Flüssigkeitsaufnahme, falls der Hund Zugang zu Wasser hat. Außerdem versucht das Tier, kühlere Orte bzw. kalte Liegeflächen aufzusuchen. Dazu können ein gestreckter Hals mit heraushängender Zunge, Unruhe sowie gerötete Innenseiten der Ohren und Schleimhäute aufgrund einer gesteigerten Durchblutung auftreten.

HITZSCHLAG

Gelingt es dem Hund mit den vorgenannten Maßnahmen nicht, seine Körpertemperatur ausreichend zu senken, droht der Hitzschlag. Dessen Kennzeichen sind eine deutliche Erhöhung der Herzfrequenz, ein flacher, schwacher Puls, Koordinierungsstörungen der Bewegung, Erbrechen und/oder Durchfall sowie des Weiteren blaue Schleimhäute, Blutdruckabfall, Zittern, Krämpfe und Apathie bis hin zum Koma. Unbehandelt führt der Hitzschlag zum Tod durch Organversagen.

MASSNAHMEN

Besteht der Verdacht einer Hitzeerschöpfung oder eines Hitzschlages, muss die erste Maßnahme sein, dem Hund ggf. die Signal-

Wird einem überhitzten Hund Wasser angeboten, darf es nicht kalt sein! Das würde eine zusätzliche Belastung des Herz-Kreislauf-Systems bedeuten.

oder Schlagschutzweste abzunehmen und ihn an einen möglichst kühlen Ort zu bringen. Danach wird eine kurze Untersuchung („Ein-Minuten-Diagnose“, s. S. 20) durchgeführt und, wenn möglich, die rektale Körpertemperatur des Hundes gemessen.

KÜHLUNG DES HUNDES

Bis 41 Grad Körpertemperatur

Bestätigt sich der Verdacht einer Hyperthermie, muss der Hund gekühlt werden. Bei Körperkerntemperaturen zwischen 39,5 °C und 41 °C wird die Körpertemperatur nur langsam abgesenkt. Das Ziel ist ein Grad pro Stunde. Dazu können feuchte Tücher um die Gliedmaßen gewickelt werden (Wadenwickel), welche die überschüssige Körperwärme ableiten.
Der Rumpf wird mit nicht zu kaltem Wasser besprüht, aber nicht mit feuchten Tüchern abgedeckt. Unter den Tüchern kann schnell ein Wärmestau entstehen. Ein einfaches Besprühen mit Wasser kühlt über die Verdunstungskälte besser ab als Tücher. Zusätzlich sollte dem Hund lauwarmes Wasser angeboten und Stress vermieden werden.

ACHTUNG

Der Hund darf weder mit eiskaltem Wasser gekühlt werden, noch darf ihm kaltes Trinkwasser angeboten werden, da dies Herz und Kreislauf unnötig belasten würde.

Über 41 Grad

Bei einer rektalen Körpertemperatur von über 41 °C muss die Körpertemperatur schnell auf unter 40 °C gesenkt werden.
Ist oder wird der Hund bewusstlos, werden die Atemwege kontrolliert und der Patient in stabiler Seitenlage positioniert. Tritt ein Atem- und Herz-Kreislauf-Stillstand auf, muss umgehend mit Reanimationsmaßnahmen begonnen werden.

Weitere Kühlmöglichkeiten

Zur Kühlung des Tieres kann neben den oben beschrieben Maßnahmen auch noch Alkohol, z. B. aus der Desinfektionsmittelflasche, eingesetzt werden. Dessen schnellere Verdunstung gegenüber Wasser führt zu einer stärkeren Abkühlung des Hundes.

Im Optimalfall besprüht man Rumpf und Gliedmaßen mit dem Alkohol.
Stehen Kühlakkus zur Verfügung, können auch sie benutzt werden. Die Akkus werden am besten in den Achselhöhlen, den Leisten und am Hals des Hundes platziert. Um Erfrierungen zu vermeiden, sind die Akkus vor ihrer Platzierung in ein dünnes Tuch einzuschlagen.

Maisjagden bei hohen Temperaturen belasten die Hunde stark. Ihr Einsatz muss zeitlich begrenzt sein.

Rettungsdecke als Reflektor

Wenn kein kühler und sonnengeschützter Raum in der Nähe ist, hilft es, alternativ eine Rettungsdecke mit der silbernen Seite nach oben locker über den Hund zu legen: Die silberne Oberfläche reflektiert das Sonnenlicht und verhindert bzw. vermindert so eine weitere Überhitzung des Patienten. Eine regelmäßige Überprüfung der Temperatur ist notwendig, um die Therapie anpassen zu können und so eine zu schnelle bzw. zu starke Abkühlung mit nachfolgender Unterkühlung zu vermeiden.
Nach der initialen Therapie muss ein Hund so schnell wie möglich Tiermedizinern zur weiteren Diagnostik und Therapie vorgestellt werden.

ANFÄLLIGE HUNDE

Ein hohes Risiko für eine Hitzeerschöpfung und/oder einen Hitzschlag haben untrainierte, adipöse, ältere sowie brachyzephale, das heißt kurzköpfige Hunde. Besonders gefährdet sind auch alle Hunde mit Atemwegs- oder Herz-Kreislauf-Erkrankungen.

PRÄVENTION

Bei sehr hohen Außentemperaturen ist anzuraten, auf einen Jagdeinsatz von Hunden zu verzichten bzw. den Einsatz rechtzeitig zu beenden bzw. auch abzubrechen. Dies gilt insbesondere für ältere Hunde, deren Thermoregulation und die entsprechenden Schutzmechanismen meist nur noch eingeschränkt funktionieren.
Es ist immer sinnvoll, den Hunden vor und direkt nach dem Jagdeinsatz Wasser und Futter zur Verfügung zu stellen. Nach dem Jagdeinsatz sollten die Signal- oder Schlagschutzweste ausgezogen und den Hunden bei Bedarf ein kühler Platz zum Ausruhen angeboten werden. Ein guter Gesundheits- und Trainingszustand der Tiere minimiert zwar das Risiko für eine anstrengungsbedingte Hyperthermie, komplett auszuschließen ist diese aber bei solchen Hunden nicht.

UNTERKÜHLUNG

Als Unterkühlung oder auch Hypothermie wird ein Zustand bezeichnet, bei dem ein Patient eine abnorm tiefe Körpertemperatur aufweist. Die Hypothermie kann in drei Schweregrade eingeteilt werden, in

1. die geringgradige,
2. die mittelgradige und
3. die schwere Hypothermie.

Von einer Hypothermie bei Hunden spricht man, wenn deren Körperkerntemperatur unterhalb von deutlich unter 37,0 °C liegt.

ENTSTEHUNG

KÄLTEEINWIRKUNG

Die klassische Ursache für eine Hypothermie ist eine längere Kälteeinwirkung auf den Hund, der in dieser Zeit weniger Wärme produziert, als er abgibt. Dies führt unweigerlich zu einer Absenkung der Körpertemperatur. Wirkt die Kälte nur auf einzelne, exponierte Körperteile des Hundes ein, kann es zu lokalen Erfrierungen kommen.
Beispiele für Kälteeinwirkung sind niedrige Außentemperaturen, Wind und/oder kaltes Wasser – typische Umweltbedingungen, wie sie oft bei Bewegungsjagden im Winter oder bei der herbstlichen Wasserarbeit herrschen.

SELTENE SONDERFORM

Es muss nicht immer Kälte sein: Eine sehr seltene Ursache für eine Hypothermie von Hunden sind Erkrankungen des Hypothalamus, eines Teils des Zwischenhirns. Diese Erkrankungen können zu einer Beeinträchtigung der Thermoregulation führen.

BEGÜNSTIGENDE FAKTOREN

Besonders anfällig für eine Hypothermie sind verletzte und bewegungsunfähige Hunde, ebenso Tiere mit einem Schädel-Hirn-Trauma, bei denen häufig die Thermoregulation eingeschränkt ist.
Neben den Umweltfaktoren spielen aber auch Rasse und deren Fellbeschaffenheit, außerdem Alter, Gesundheitszustand, Ernährungszustand und körperliche Kondition eine wichtige Rolle bei der Entstehung einer Hypothermie. Es ist keine Überraschung, dass Hunderassen wie Labrador oder Golden Retriever weniger anfällig für Kälte sind als z. B. die meisten Windhunde. Welpen und ältere Hunde reagieren empfindlicher auf extreme Temperaturen und können diese nicht gut ausgleichen. Dass gesunde Hunde in einem guten Ernährungs- und Konditionszustand der Kälte besser trotzen können, ist selbsterklärend.

Das Haar spielt eine Rolle: Retriever sind vergleichsweise kälteunempfindlich.

SYMPTOME

Die drei unterschiedlichen Schweregrade der Hypothermie lassen sich gut an den klinischen Symptomen unterscheiden.

HYPOTHERMIE GERINGEN GRADES

Bei der geringgradigen Hypothermie können Muskelzittern, blaue oder blassblaue Schleimhäute und im späteren Verlauf auch Gleichgewichtsstörungen und ein reduziertes Allgemeinbefinden beobachtet werden. Zudem treten eine erhöhte Herz- und Atemfrequenz, ein erhöhter Blutdruck sowie eine Verengung der peripheren Blutgefäße auf. Diese Verengung dient dazu, den Körper in zwei Zonen aufzuteilen: in den Körperkern mit warmem Blut und in die Gliedmaßen sowie die äußeren Körperregionen mit kaltem Blut (Zentralisation).

Bleiben Hunde zu lange in der Kälte, droht eine Unterkühlung.

Ein Austausch zwischen den beiden Bereichen findet kaum statt. Sauerstoff- und Energieverbrauch sind durch das wärmeproduzierende Muskelzittern stark erhöht.

FORTGESCHRITTENE STADIEN

Mittelgradige Hypothermie Symptome dieses Stadiums sind eine Bewusstseinseintrübung, weite Pupillen, eine erniedrigte Herz- und Atemfrequenz, ein erniedrigter Blutdruck sowie eine verminderte Reflexantwort. Das Muskelzittern wird eingestellt.

Schwere Hypothermie Ein unregelmäßiger, sehr flacher Puls, eine sehr flache und langsame Atmung sowie ein Bewusstseinsverlust sind erste Kennzeichen der schweren Hypothermie. Zusätzliche können starre, nicht auf Licht reagierende Pupillen sowie eine Muskellähmung auftreten. Gefolgt werden diese Symptome von einem Atemstillstand sowie einem Herz-Kreislauf-Stillstand und damit einem Kältetod.

MASSNAHMEN

Liegt der Verdacht einer Hypothermie vor, wird dem Hund wieder zuerst die Signal- oder Schlagschutzweste abgenommen, dann wird er an einen warmen, trockenen Ort gebracht. Anschließend folgt eine Ein-Minuten-Diagnose (s. S. 20) und wenn möglich wird die rektale Körpertemperatur gemessen.

BEWUSSTLOSE HUNDE

Wenn ein Hund bereits bewusstlos ist, muss er sehr vorsichtig transportiert werden. Dabei hängen die Gliedmaßen nach unten, um den Rückfluss von kaltem Blut in das Herz zu verhindern, denn das könnte sonst zu einem reflektorischen Herzstillstand führen (Bergungstod). Hier wird zuerst dann auch nur der Rumpf mit Decken abgedeckt und gewärmt. Steigt die Körperkerntemperatur wieder, können auch die Gliedmaßen vorsichtig aufgewärmt werden.

AUFWÄRMEN, ABER LANGSAM

Bestätigt sich der Verdacht einer Hypothermie, sollte der Hund langsam und vorsichtig aufgewärmt werden – je stärker ausgeprägt die Hypothermie, desto langsamer hat das Aufwärmen zu erfolgen.
Wenn der Hund ein nasses Fell hat, muss er unbedingt abgetrocknet werden. Danach ist er vor weiterer Auskühlung zu schützen,

Der erste Schritt zur Vermeidung einer fortschreitenden Unterkühlung: Hat der Hund ein ein nasses Fell, wird er zunächst einmal abgetrocknet.

indem er in eine Decke gewickelt wird oder einen wärmenden Hundemantel bekommt. Jeweils zusätzlich kann man die Rettungsdecke aus dem Ersten-Hilfe-Kasten rund um das Tier legen. Sie vermindert die Verdampfungskühlung sowie die Wärmeübertragung und reflektiert die vom Körper abgegebene Wärmestrahlung. Die Decke nur über den Hund zu legen, ist nicht zielführend, wenn das Tier noch bei Bewusstsein ist. Besser ist es, sie um den gesamten Rumpf des Hundes zu wickeln.

Der unterkühlte Hund sollte nicht an eine Heizung gelegt oder einen direkten Kontakt zu anderen Wärmequellen erhalten. Eine mäßig warme Wärmflasche kann aber eingesetzt werden. Alternativ lässt sich, wenn vorhanden, auch ein Fön zum Aufwärmen benutzen.

ACHTUNG

Auch im Fall einer Hypothermie ist notwendig, die Körpertemperatur des Hundes regelmäßig zu kontrollieren, um entsprechend reagieren zu können und eine zu schnelle bzw. zu starke Erwärmung mit nachfolgender Überhitzung zu vermeiden.

Ist der Hund bei Bewusstsein, ist es sinnvoll, ihm auch leicht verdauliches Futter und lauwarmes Wasser anzubieten. Das Futter dient dazu, Energie zur Thermoregulation bereitzustellen. Stress muss weitestmöglich vermieden werden.
Nach Abschluss der Erste-Hilfe-Maßnahmen müssen Hunde mit einer mittelgradigen oder schweren Hypothermie schnellstmöglich von einem Veterinär genauer untersucht und bei Bedarf noch weitertherapiert werden.

ERFRIERUNGEN

Im Rahmen einer Unterkühlung kann es zu Erfrierungserscheinungen an exponierten Körperteilen, meist den äußersten Körperteilen eines Hundes kommen. Zu diesen sogenannten Akren zählen Rutenspitze, Ohren, Pfoten bzw. Ballen und beim Rüden der Hodensack samt Hoden. Gekennzeichnet ist die betroffene Haut durch eine blasse oder bläuliche bis dunkle Färbung.

SCHWEREGRADE

Erfrierungen werden nach der Intensität ihrer Ausprägung in die Grade 1 bis 4 eingeteilt.

— Grad 1 zeigt nach Erwärmung eine Schwellung und Rötung des Gewebes,
— Grad 2 beschreibt die klassischen „Frostbeulen“,
— Grad 3 ist durch Nekrosen (abgestorbenes, schwarz gefärbtes Gewebe) charakterisiert und
— Grad 4 umfasst die sogenannte „Totalvereisung“.

Vom Schweregrad der Erfrierung sowie der betroffenen Fläche hängen Prognose und Therapie ab. Allgemein kommen Erfrierungen beim Hund, vor allem Grad 3 und 4, im Gegensatz zu Unterkühlungen aber nur sehr selten vor.

PRÄVENTION

Bei sehr niedrigen Außentemperaturen sollten Hunde jagdlich gar nicht oder allenfalls zeitlich kurz bemessen eingesetzt werden, ggf. muss der Einsatz auch abgebrochen werden. Dies gilt insbesondere für ältere Hunde, deren Thermoregulation und die entsprechenden Schutzmechanismen in der Regel altersbedingten Einschränkungen unterliegen.
Auch bei kaltem Wetter ist es sinnvoll, die Hunde vor und direkt nach dem Jagdeinsatz mit Wasser und Futter zu versorgen. Nach der Jagd wird dem Hund die Signal- oder Schlagschutzweste ausgezogen, und bei Bedarf erhält er einen warmen, trockenen Platz zum Ausruhen. Wie für die Hyperthermie gilt: Ist ein Hund gesund, gut ernährt und trainiert, ist sein Risiko für eine Hypothermie gering. Vollständig ausgeschlossen werden kann sie aber auch dann nicht.

Bei manchen Wetterlagen unterbleibt ein Hundeeinsatz besser – und zum Schutz des Wildes auch eine Jagd.

GEFAHRENVERMEIDUNG

4 km

ALLGEMEINE GRUNDSÄTZE

Der Einsatz von Jagdhunden birgt immer das Restrisiko schwerer, mitunter tödlicher Verletzungen. Allerdings kann und sollte man versuchen, dieses Restrisiko so gering wie möglich zu halten. Dies gelingt durch einen verantwortungsvollen Einsatz der Hunde.

VERANTWORTUNGS-BEWUSSTSEIN

INDIVIDUELL ANGEPASSTER EINSATZ

In die Verantwortung der Hundeführer fällt es, ihre Hunde nur deren individueller Kondition, ihrem Verhalten während der Jagd, ihrem Alters- und Gesundheitszustand sowie ihrem Ausbildungsgrad entsprechend einzusetzen.

Verantwortungsvoller Hundeeinsatz mit Augenmaß ist eine Grundvoraussetzung der Gefahrenprävention.

Die Kondition ist bei vielen Hunden gerade zu Beginn der Drückjagdsaison nicht auf dem möglichen Höchststand. Dies bedeutet im Umkehrschluss, dass man den Hunden zwischen den einzelnen Jagden zu Beginn eine längere Regenerationszeit zugestehen muss. Das gilt z. B. auch, wenn an einem Jagdtag zwei oder mehr Treiben stattfinden. Hier ist es sinnvoll, die Hunde, die bereits Treiben absolviert haben und deutliche Anzeichen einer beginnenden Erschöpfung zeigen, aus dem Jagdeinsatz herauszunehmen.
Auch das individuelle Verhalten der Hunde hat einen großen Einfluss auf das Verletzungsrisiko. So erhöht z. B. der Einsatz von weitläufigen Hunden in Revieren mit einem engen Netz an befahrenen Straßen das Risiko für Verkehrsunfälle beträchtlich. Hier wären Hunde vorzuziehen, die in der Nähe des Hundeführers arbeiten.

KEIN JAGEN MIT LEEREM MAGEN

Im Abschnitt „Unterzuckerung“ wurde bereits darauf hingewiesen, dass Hunde auch nicht komplett nüchtern eingesetzt werden sollten, um eben eine Hypoglykämie zu vermeiden. Ideal ist es, Hunde vor der Jagdsaison entsprechend zu trainieren, um Konditionsprobleme möglichst auszuschließen.
Achtung: Mit zunehmender Erschöpfung steigt das Verletzungsrisiko des Hundes!
So werden erfahrungsgemäß z. B. müde oder erschöpfte Hunde häufiger von Sauen geschlagen als ausgeruhte.

Faktor Alter

Mit zunehmendem Alter büßen Hunde wie wir Menschen an Leistungsfähigkeit ein. Diesen körperlichen Leistungsverlust kön-

Er ist in Ehren ergraut und hat Rücksichtnahme auf die nachlassende Leistungsfähigkeit verdient.

nen sie bis zu einem gewissen Grad durch Erfahrung kompensieren, trotzdem muss dem Alter des Tiers beim Jagdeinsatz entsprechend Rechnung getragen werden.
Zum einen kann man Frequenz und Dauer der Einsätze älterer Hunde reduzieren, zum anderen kann für diese Hunde ein angemessenes, nicht zu anstrengendes Einsatzgelände gewählt werden.
Ein schwieriges Terrain mit starken Steigungen und/oder dichten Brombeerverhauen ist für ältere Hunde oft überproportional anstrengend und sollte daher vermieden werden. Gleiches gilt für extrem warme oder kalte Außentemperaturen, da sich der Organismus älterer Hunde nicht mehr 100ig dagegen „wehren" kann (s. Abschnitte „Hitzeerschöpfung und Hitzschlag", S. 117, sowie „Unterkühlung", S. 121).

Welche Belastung für einen älteren Jagdhund vertretbar ist, ist immer eine individuelle Entscheidung des Hundeführers, die von vielen unterschiedlichen Faktoren abhängt. Generelle Aussagen hierzu sind daher nicht möglich.

Was noch?

Der Einsatz akut erkrankter und/oder verletzter Hund verbietet sich selbstverständlich. Die Gefahr, den Zustand des Hundes durch einen Jagdeinsatz zu verschlechtern, ist durch nichts zu rechtfertigen.
Nicht zu vergessen: Der sichere und verantwortungsvolle Umgang mit Schusswaffen ist ebenfalls ein wichtiger Beitrag aller Jagdteilnehmer – nicht nur zur Sicherheit anderer Menschen, sondern auch zur Sicherheit der eingesetzten Hunde.

AUSRÜSTUNG DES JAGDHUNDES

Neben den vorangegangenen allgemeinen Überlegungen zur Minimierung des Risikos für die Hunde kommt der Schutz- und Ortungsausrüstung der Tiere ausgesprochen große Bedeutung zu.

SIGNALFARBEN

In der „Unfallverhütungsvorschrift Jagd" vom 1. Januar 2000 in der Ausgabe vom 23. Juni 2023 wird unter §4 Absatz 12 gefordert, dass sich bei Gesellschaftsjagden „alle an der Jagd unmittelbar Beteiligten deutlich farblich von der Umgebung abheben müssen". Ein Hinweis zu diesem Absatz führt aus, dass sich dazu großflächige Oberbekleidung in Signalfarben wie z. B. Warnwesten eignen. Ein orangerotes Signalband am Jagdhut allein ist demnach nicht mehr ausreichend, um der Unfallverhütungsverordnung zu genügen.

Diese Anforderungen kann man auch ohne Weiteres auf Jagdhunde übertragen. Ein weithin gut sichtbarer Hund hat ein deutlich geringeres Risiko, von einem Fahrzeug auf einer Straße erfasst oder versehentlich mit einem Stück Wild verwechselt zu werden, als ein unscheinbar durch das Treiben laufender Vierbeiner.

SIGNALHALSUNGEN

Genauso wenig wie ein Hutband beim Menschen hat eine einfache Signalhalsung an Hunden allein eine ausreichende Signalwirkung. Von vorn oder hinten ist die Halsung kaum oder gar nicht sichtbar, und bei langhaarigen Hunden können die Haare die Halsung zudem überdecken. Werden an der Halsung drei abstehende Fahnen in Warnfarben angebracht, entsteht die sogenannte Schwedenhalsung: Deren Sichtbarkeit aus allen Richtungen ist deutlich höher als die einer einfachen Signalhalsung.

Um die Gefahr einer Strangulation zu verhindern, sind nur Halsungen aus elastischem Material oder mit einem Gummizug einzusetzen. Daraus kann sich ein Hund im Notfall – wenn er z. B. in Brombeeren festhängt – selbst befreien. Viele Halsungen haben eine integrierte Tasche für die Aufnahme eines Ortungsgerätes. Die Halsung mit dem Namen des Hundes sowie der Telefonnummer des Hundeführers zu beschriften ist sinnvoll.

Im rauen Jagdalltag besteht immer die Gefahr, dass ein Hund seine Signalhalsung

Signalhalsungen mit – auch „nachrüstbaren" – Seitenflügeln sind besser zu sehen als solche ohne.

abstreift oder verliert. Daher ist es sinnvoll, ihn neben einer solchen Halsung auch mit einer Signalweste oder einer Schlagschutzweste auszustatten.

SIGNALWESTEN

Signalwesten für Jagdhunde sind in diversen Formen und Größen auf dem Markt, sodass für fast alle Hunde eine passende zu finden ist. Je besser die Passform ist, umso geringer sind die Bewegungseinschränkung und das Risiko für Scheuerstellen. Einige dieser Westen besitzen außerdem auch einen geringen Stichschutz.

Die Warnfarben der Westen verbessern die Sichtbarkeit der Hunde und damit ihre Sicherheit deutlich. Neben Rot, Gelb und Orange – Farben die im Herbst auch in der Natur vorkommen – gibt es mittlerweile auch Westen mit Farben wie Blau und Pink. Sie kontrastieren deutlich zum Umfeld. Solche Reflektoren an den Westen sind, insbesondere wenn die Hunde z. B. im Dunkeln auf Straßen laufen, eine weitere, sinnvolle Möglichkeit zur Verbesserung der Sichtbarkeit und zur Minimierung des Verkehrsunfallrisikos. Reflektoren erleichtern es außerdem, bewegungsunfähige Hunde im Dunkeln bei der Suche mit Taschenlampen zu entdecken. Wie auf dem Signalhalsband sollten auch auf Hundewesten der Name des Hundes sowie die Telefonnummer des Hundeführers gut sichtbar angebracht sein, damit Letzterer bei einem Notfall informiert werden kann.

Manche dieser Westen sind außerdem noch mit Taschen für die Aufnahme von Ortungsgeräten ausgestattet.

SCHLAGSCHUTZ-WESTEN

Die Schutzweste oder auch Schlagschutzweste ist immer ein Kompromiss zwischen dem Schutz und der Beweglichkeit des

Um einiges besser geschützt als nur mit einem Signalhansband sind Jagdhunde mit einer signalfarbenen Weste.

Hundes. Ein ausgesprochen wichtiges Kriterium bei der Auswahl von Westen ist daher die optimale Passform. Eine schlecht sitzende Weste führt zu Bewegungseinschränkungen und unter Umständen zu Scheuerwunden, insbesondere im Achselbereich und an den Hinterläufen des Hundes. Die Folge ist, dass die Weste nicht eingesetzt wird, der Hund also nicht geschützt ist.

MASSANFERTIGUNG UND LEIHWESTEN

Um das „Versauern" von Schutzwesten im Keller zu vermeiden, bieten viele Hersteller Maßanfertigungen von Schlagschutzwesten an, die in engen Grenzen häufig auch der sich verändernden Körperform des Hundes angepasst werden können. Manche Hersteller stellen zudem Leihwesten für junge Hunde im Wachstum bereit, das ermöglicht schon frühzeitigen Schutz.

Je nach Hunderasse bzw. -größe und/oder geplanter Verwendung kann eine unterschiedliche Anzahl von Stichschutzlagen gewählt werden. Je weniger Stichschutzlagen die Weste aufweist, desto flexibler und leichter ist sie, desto geringer ist aber auch ihre Schutzwirkung.

Ein Halsschutz und/oder Schulter- sowie Keulenschutz sind häufig ebenso in Schlagschutzwesten integriert.

TIPP

Schlagschutzwesten können häufig mit dem Namen des Hundes und des Hundeführers sowie dessen Telefonnummer bestickt werden. Dass ist eine gut lesbare und dauerhaftere Lösung als die Beschriftung mit einem Stift.

MATERIAL

Ein weiterer, wichtiger Aspekt ist das Material, aus dem die Schutzweste besteht. Früher wurde vor allem schweres und unflexibles Kevlar verwendet. Heute bestehen Schutzwesten überwiegend aus modernen Geweben, wie sie auch im Fechtsport eigesetzt werden, und Cordura. Solche Westen sind deutlich leichter und beweglicher als Kevlar-Westen sowie wasserabweisend. Diese Entwicklung hat es ermöglicht, auch kleinere Hunde mit flexiblen Westen gut schützen zu können. Die

Schlagschutzwesten schützen u. a. vor Verletzungen durch Sauen.

wasserabweisende Eigenschaft der verwendeten Materialien senkt auch die Gefahr, dass Hunde beim Durchqueren von Gewässern infolge vollgesogener Westen ertrinken. Natürlich müssen auch Schlagschutzwesten wie die oben beschriebenen Signalwesten gut sichtbare, kontrastreiche Warnfarben zeigen.

NACHTEILE UND FAZIT

Ein möglicher Nachteil von Schutzwesten besteht darin, dass Hunde damit in schwierigem Gelände oder im Bau hängen bleiben können. Viele Schutzwestenhersteller erklären zwar, dass sich die Hunde in einem solchen Fall selbst aus ihren Westen befreien können. Inwieweit das auch für erschöpfte und/oder schwer verletzte Hunde gilt, darf aber durchaus kritisch hinterfragt werden. Insgesamt ist der Einsatz von Schlagschutzwesten wegen ihrer unbestreitbaren Vorteile für die Sicherheit des Jagdhundes zu begrüßen. So hat die Anzahl der perforierenden Brustkorbverletzungen deutlich abgenommen, seitdem bessere Schlagschutzwesten für die Hunde zur Verfügung stehen und auch eingesetzt werden.

„WESTENWARTUNG"

Unabhängig davon, ob man eine Signalhalsung, eine Signalweste oder eine Schlagschutzweste verwendet, sind einige wichtige Punkte zu beachten:

- Vor und nach jedem Einsatz muss kontrolliert werden, ob Beschädigungen vorliegen und ob die Beschriftung noch gut lesbar ist.
- Die Funktion der Reflektoren, falls vorhanden, muss regelmäßig überprüft werden.
- Die Signalwirkung der Farben ist nur gegeben, wenn Halsung und/oder Weste sauber genug sind.

Diese Weste hat offenbar viel erlebt. Schützt sie noch? Derart verschmutzt hat sie auch keine Signalwirkung mehr.

ORTUNGSGERÄTE

SYSTEME

Ähnlich wie bei den Westen und den Halsungen gibt es eine Vielzahl unterschiedlicher Techniken, Modelle und Ausführungen zur Ortung des Jagdhundes.
Grundsätzlich kann zwischen zwei Techniken unterschieden werden, zwischen
— Funksystemen und
— Mobilfunksystemen.

FUNK UND MOBILFUNK

Bei Funksystemen befindet sich in der Halsung ein Sender, der dem Empfänger, sprich Handgerät, mittels Funkwellen die aktuelle Position des Hundes übermittelt. Nachteile dieser Technik sind ihre geringe Reichweite und der Umstand, dass die Funkwellen direkte Hindernisse wie Hügel nicht durchdringen können.
Bei Mobilfunksystemen ist die Reichweite unbegrenzt und direkte Hindernisse spielen keine Rolle; allerdings ist die Ortung nur so lange möglich, wie eine Verbindung zum Mobilfunknetz besteht. Ohne ein funktionierendes Mobilfunknetz kann der Hund mit diesen Systemen nicht geortet werden. Welches Gerät für den jeweiligen Einsatz das richtige ist, hängt u. a. vom Gelände und dessen Abdeckung durch ein Mobilfunknetz ab. Wer auf der sicheren Seite sein möchte, mag eine Kombination aus verschiedenen Ortungsgeräten wählen.

Symbolbild Hundeortung über ein Mobilfunksystem. Eine ausreichende Netzabdeckung im Jagdgebiet ist Voraussetzung, damit es klappt.

ZUSATZNUTZEN

Neben der eigentlichen Positionsbestimmung weisen einige Modelle eine Funktion auf, die den Hundeführer alarmiert, wenn der Hund Wild stellt. Mache Modelle erlauben es sogar, den Hund „anzurufen", sodass zu hören ist, ob der Hund Hilfe benötigt, wenn er beispielsweise Standlaut gibt oder Klagelaute äußert.
Via Ortung und der im Handgerät installierten entsprechenden Karten lässt sich auch gut erkennen, ob sich ein Hund auf eine Straße oder eine Zugstrecke zubewegt, und man kann als Hundeführer entsprechend agieren, um einen möglichen Unfall zu verhindern.
Und vor allem: Verletzte und/oder bewegungsunfähige Hunde können mit Hilfe von Ortungssystemen schnell gefunden und dadurch auch schneller erstversorgt werden.

TIERMEDIZINISCHE ASPEKTE

IMPFSCHUTZ

Ein regelmäßiger Impfschutz gemäß den Empfehlungen der „Ständigen Impfkommission Veterinärmedizin“ reduziert oder verhindert das Risiko, an bestimmten Infektionen zu erkranken. Dies soll an einigen für Jagdhunde relevanten Erkrankungen aufgezeigt werden.

LEPTOSPIROSE

Die Leptospirose ist eine von unterschiedlichen Bakterienarten der Gattung Leptospira ausgelöste Erkrankung und kommt weltweit vor. Ihr Verlauf hängt stark von der individuellen Abwehrkraft des Hundes und der die Infektion auslösende Bakterienart ab. Die Symptome reichen u. a. von Fressunlust, Fieber, Gelbsucht, Blutungen bis hin zum Nierenversagen und Tod. Als Reservoir gelten z. B. Mäuse und Ratten, die mit ihrem Urin die Erreger – Leptospiren – ausscheiden.

Die Erkrankung wird in unseren Breiten gehäuft im Spätsommer und Herbst beobachtet, da die Leptospiren in dieser Zeit auf für sie optimale Umweltbedingungen treffen. Die Infektion erfolgt durch Kontakt über die Haut oder die Schleimhäute. Als häufigste Infektionsquelle gilt die Aufnahme von Wasser aus Pfützen, die mit Leptospiren kontaminiert sind. Dass Jagdhunde z. B. bei Bewegungsjagden Wasser aus Pfützen aufnehmen, lässt sich jedoch nicht verhindern. Die jährliche Impfung reduziert das Risiko, an einer Leptospirose zu erkranken, deutlich. Dies ist zum jetzigen Zeitpunkt auch die einzige Impfung, die mindestens jährlich wiederholt werden muss.

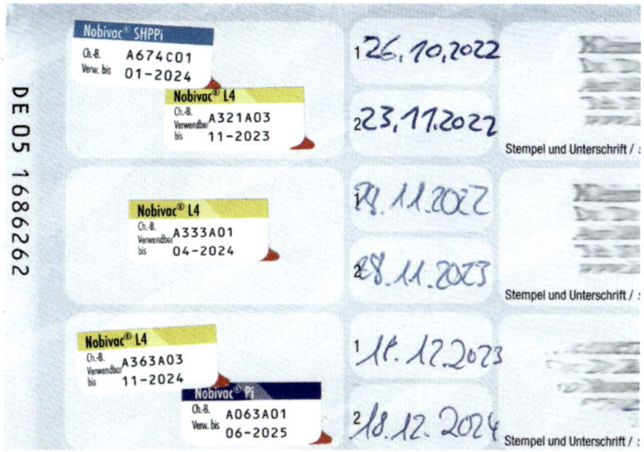

Regelmäßige Impfungen sind für verantwortungsbewusste Hundeführer eine Selbstverständlichkeit.

TIPP

Gegen Leptospirose muss jährlich geimpft werden. Dieser Impftermin ist daher immer auch eine gute Gelegenheit für eine generelle Vorsorgeuntersuchung des Hundes.

STAUPE

Durch eine Impfung sollte/muss jeder Hund auch vor einer Infektion mit dem Staupevirus geschützt werden. Die Staupe ist eine hochansteckende Viruserkrankung, die häufig zum Tod der davon betroffenen Hunde führt. Ausgelöst wird sie durch das Canine Staupevirus – einen Verwandten des menschlichen Masernvirus –, das auch häufig bei Füchsen, Wölfen und Mardern auftritt. So gelten u. a. Fuchs und Waschbär als Erregerreservoir, und das erklärt, warum ungeimpfte Hunde, die Bauarbeit verrichten und/oder häufig Kontakt zu Raubwild haben, ein besonders hohes Staupeinfektionsrisiko besitzen.

RÄUDE

Häufiger Raubwildkontakt birgt auch ein erhöhtes Risiko für einen Befall durch Räudemilben *(Sarcoptes scabiei var. canis)*. Diese Infektion kann zum Bild der Sarcoptes-Räude führen, einer hochansteckenden Hauterkrankung, die sich u. a. in starkem Juckreiz und Haarausfall äußert. Der Juckreiz geht so weit, dass sich die Hunde durch exzessives Kratzen selbst verletzen und es aufgrund der entstehenden Wunden zu einer sekundären, eitrigen Entzündung der Haut, einer sogenannten Pyodermie kommen kann. Eine Therapie ist im Anfangsstadium einer solchen Infektion noch relativ einfach möglich, im fortgeschrittenen Stadium ist sie sehr aufwendig.

Es gibt Präparate, die zur Behandlung von Floh- und/oder Zeckenbefall bei Hunden eingesetzt werden und zeitgleich auch Milben wirksam abtöten. Solche Medikamente können auch eine Infektion mit Räudemilben verhindern.

KRANKHEITEN IM ZECKENSCHLEPPTAU

Um die Infektionsgefahr für von Zecken übertragene Erkrankungen wie z. B. die Borreliose, die Babesiose (Hundemalaria) oder die Anaplasmos zu reduzieren, steht an

Ist der Hund am Riemen, lässt sich verhindern, dass er Schweiß von einer Sau aufnimmt. Anders ist es bei Drückjagden …

erster Stelle der Maßnahmen das Absuchen der Hunde nach jeden Jagdeinsatz bzw. Spaziergang. Je früher die Zecke vom Hund entfernt wird, umso geringer ist das Übertragungsrisiko! Zusätzlich können auch Tabletten, Spot-On-Präparate oder Halsbänder mit unterschiedlichen Wirkstoffen gegen Zecken eingesetzt werden. Ziel dieser sogenannten Ektoparasitika, das heißt Mittel gegen äußerlichen Parasiten, ist das schnelle Abtöten der Zecken (akarizide Wirkung), sobald sie den Wirt gebissen haben. Zusätzlich besitzen einige Präparate eine repellierende Wirkung. Dies bedeutet, dass sie Zecken abschrecken, sodass es deutlich seltener zu Bissen kommt. Medikamente mit einer repellierenden Wirkung sollten bevorzugt eingesetzt werden.

Lyme-Borreliose

Eine Impfung gegen die Lyme-Borreliose ist grundsätzlich möglich, wird aber von der „Ständigen Impfkommission Veterinärmedizin" nicht zu den Kernimpfungen gezählt. Kernimpfungen sind dabei die Impfungen, die jedes Tier erhalten sollte. Empfohlen wird die Borreliose-Impfung nur für Hunde, die einem hohen Infektionsrisiko durch einen häufigen Aufenthalt in Busch- und Waldgebieten ausgesetzt sind. Dies trifft zweifellos auf Jagdhunde zu, trotzdem sind die oben genannten Maßnahmen wahrscheinlich zielführender als die Impfung.

AUJESZKY-VIRUS

Das Aujeszky-Virus ist hoch ansteckend und kann schon beim Packen von Schwarzwild über dabei durch Bisswunden entstehende Blutungen auf Hunde übertragen werden. Der Kontakt zu Schwarzwild sollte daher auf das absolut notwendige Minimum reduziert werden, die Aufnahme von Wildschweinaufbrüchen muss konsequent unterbunden werden. Beide Maßnahmen helfen, die Wahrscheinlichkeit einer Infektion mit dem Aujeszky-Virus zu reduzieren. Wie schon im

Je früher Zecken entfernt werden, desto besser ist es.

Kapitel „Gefährdungen" (S. 8) dargelegt, verläuft diese Erkrankung beim Hund immer tödlich. Es gibt keine Impfung oder Therapie, sodass den oben genannten Maßnahmen eine besondere Bedeutung zukommt.

AUJESZKY-VIRUS IM AUFWIND

Für das Land Niedersachsen ist ein Anstieg bei Schwarzwild nachgewiesenen Aujeszky-Fällen von 26 im Jahre 2012 auf 181 Fälle im Jahre 2022 zu verzeichnen. Auch in anderen Bundesländern stiegen die Fallzahlen. Diese Entwicklung zeigt, dass sich das Virus zurzeit in den Schwarzwildpopulationen ausbreitet und durchaus eine reale Gefahr für Jagdhunde darstellt.

SPEZIALFALL GESELLSCHAFTSJAGDEN

Für viele Jäger sind die Gesellschaftsjagden im Herbst und Winter ein Höhepunkt des Jagdjahres. Für Jagdleiter und ihre Helfer hingegen bedeutet diese Zeit eine hohe Belastung. Die Jagden werden oft lange im Voraus geplant, um einen reibungslosen, sicheren Ablauf zu gewährleisten, doch einige Arbeiten lassen sich erst kurz vor der Jagd selbst erledigen.

Auch für Hundeführer ist diese Zeit in vielerlei Hinsicht aufregend. Ihre Hunde warten gut vorbereitet auf den Einsatz, sie sollen Wild in Bewegung bringen und verletztes Wild nachsuchen. Die Hundeführer hoffen jedes Mal auf einen erfolgreichen Einsatz ihrer Vierbeiner und vor allem darauf, sie am Ende des Jagdtages gesund wieder mit nach Hause nehmen zu können.

Die Auswahl von Schützenstandorten mit guter Sicht ist auch für die Sicherheit der Hunde relevant.

VORKEHRUNGEN DES JAGDLEITERS

Der Jagdleiter kann durch die gute Planung und Organisation einer Gesellschaftsjagd sehr viel Positives für die Sicherheit der eingesetzten Hunde bewirken. Oft sind es nur Kleinigkeiten, die nicht viel Aufwand und keine nennenswerte finanzielle Mehrbelastung bedeuten, jedoch eine große Wirkung erzielen können. Soweit andere Maßnahmen mit einem hohen finanziellen und/oder behördlichen Aufwand verbunden sind, erscheinen sie nur bei großen und/oder revierübergreifenden Jagden sinnvoll bzw. vertretbar. Klar ist aber auch, dass der Jagderfolg bei Gesellschaftsjagden maßgeblich von den eingesetzten Hunden abhängig ist, und es sich daher für den Jagdherren bzw. den Jagdleiter lohnt, optimale Bedingungen für die Hunde und Hundeführer zu schaffen. Die alte Jagdweisheit „Jagd ohne Hund ist Schund“ hat noch immer Gültigkeit.

STANDAUSWAHL

Bei der Auswahl der Stände sollte u. a. auf eine gute Sicht für den Schützen geachtet werden. Dadurch wird die Ansprache des anwechselnden Wildes erleichtert und ausreichend Zeit für das Antragen eines sicheren Schusses gegeben. Dies erhöht die Wahrscheinlichkeit für den Jagderfolg und senkt das Risiko für die Hunde, in aller Hast mit Wild verwechselt zu werden, beträchtlich. Schützenstände an engen, unübersichtlichen Schneisen, dichten Einständen oder dunklen Stangenhölzern sollten nach Möglichkeit vermieden werden. Zudem dienen Drückjagdböcke neben ihren anderen Vorteilen für die Sicherheit auch der Sicherheit der Hunde, indem sie oft die Übersicht verbessern.

STRASSENVERKEHR

Jagdherr und Jagdleiter müssen bei der Planung der Jagd auch die Sicherheit im Zusammenhang mit dem Straßenverkehr

Sicherheitsrisiko Autoverkehr. Neben weiteren Vorkehrungen sind auch Warnschilder an den Straßen dringend zu empfehlen.

beachten. Wenn möglich, sollten Treiben in ausreichender Entfernung zu öffentlichen Straßen geplant werden, um das Risiko von Unfällen mit Hunde- (und auch Wild-)beteiligung zu senken.
Führen öffentliche, wenig befahrene Straßen durch den bejagten Teil des Reviers, sind entsprechende Warnschilder entlang der Straße außerordentlich sinnvoll. Zusätzlich zu den Schildern können auch Jagdhelfer an der/den Straße(n) zur Sicherung abgestellt werden, die ggf. Hunde auch einfangen. Diese Maßnahmen sind natürlich mit der verantwortlichen Gemeinde bzw. dem Straßenverkehrsamt abzustimmen.
Liegen stark befahrene Straßen im bejagten Teil des Reviers, kann bei den zuständigen Behörden auch eine Geschwindigkeitsreduzierung oder gar eine Sperrung entsprechender Straßenabschnitte beantragt werden.

VORGABEN FÜR DIE JAGDBETEILIGTEN

Bei der Ansprache vor der Jagd muss der Jagdherr bzw. der Jagdleiter neben den üblichen Sicherheitsbelehrungen noch Aspekte einbeziehen, die für die Hunde von Bedeutung sind – etwas, das leider auch heute immer noch nicht selbstverständlich ist. Alternativ

kann man auch schon in der Jagdeinladung auf diese Punkte aufmerksam machen. Dazu sollten u. a. folgende Hinweise gehören: Jagen Hunde in Sichtweite eines Standes dicht an Wild, stellen sie Wild oder binden es sogar, darf der Standschütze unter keinen Umständen schießen! Oft enden Versuche des Standschützen, hier Beute zu machen bzw. den Hunden auf diese Art zu „helfen", mit schwer verletzten oder toten Hunden. Solche Situationen aufzulösen, ist einzig und allein Aufgabe der Hundeführer oder ggf. erfahrener Treiber.
Ob ein Abbaumen und Angehen von länger andauerndem Standlaut in unmittelbarer Nähe für Hundeführer, die vom Stand schnallen, erlaubt ist, muss der Jagdleiter festlegen und entsprechend kommunizieren. Nach zwei unklaren Anschüssen sollte für den betreffenden Schützen „Hahn in Ruh" sein. Dies senkt die Zahl der Fälle, in denen Hunde unter Umständen krankes, aber noch wehrhaftes Wild stellen und dadurch einem stark erhöhten Verletzungsrisiko unterliegen. Zusätzlich wird dadurch auch die Anzahl der Nachsuchen reduziert: Das wiederum senkt das Verletzungsrisiko für die Schweißhunde (und ihre Führer).

Umgang mit Hunden

Offensichtlich verletzte Hunde müssen, wenn irgend möglich, am Stand festgehalten und unverzüglich dem Jagdleiter, dem Ansteller oder dem nächsten Hundeführer mit genauer Ortsangabe bzw. Nummer des eigenen Standes gemeldet werden.
Freilaufende Hunde werden nach der Jagd eingesammelt und mit zum Streckenplatz gebracht. Der dazugehörige Führer wird, sofern möglich, telefonisch darüber informiert, damit er sich unnötiges Suchen nach dem Hund ersparen kann. Werden mehrere Hunde in einem Fahrzeug mitgenommen, ist auf gegenseitige Verträglichkeit zu achten, ggf. müssen die Hunde zur Vermeidung von Beißereien räumlich getrennt werden.

ACHTUNG
Jäger ohne eigenen Hund können durchaus auch eine Zugstoppleine oder einen Strick mitführen, um verletzte oder nach der Jagd frei laufende Hunde festzuhalten. Und noch ein Hinweis sei gestattet: Jedes Fahrzeug kann nach dem Transport eines Hundes gereinigt werden …

Nach der Jagd muss im Revier langsam gefahren werden, denn auch dann ist immer noch mit jagenden Hunden sowie Schweißhundgespannen (und Wild) auf den Wegen zu rechnen.

AUFBRECHEN

In Revieren, in denen Aujeszky-Fälle bei Wildscheinen nachgewiesen wurden, sollte Schwarzwild zentral aufgebrochen und der Aufbruch sicher entsorgt werden, um das Infektionsrisiko für Hunde zu senken. Die Entsorgung von Schwarzwildaufbrüchen ist in Zeiten der Afrikanischen Schweinepest (ASP) ohnehin mehr als sinnvoll, wenn nicht gar rechtlich zwingend.

INFOS FÜR HUNDEFÜHRER

Unter Umständen kann es sinnvoll sein, Hundeführer und Treiber in einer eigenen Ansprache getrennt von den Schützen über die Sicherheitsvorschriften und die geplante Jagd zu informieren, denn so kann gezielt auf die Belange dieses Personenkreises eingegangen werden. Die Einteilung der Hunde in die verschiedenen Gruppen sollte gemäß dem Gelände, der Art des Jagens, der Hunde und dem zu erwartenden Wildaufkommen in den Einständen erfolgen. Dabei ist es hilfreich, wenn Hundeführer und Treiber Karten des Reviers oder des für sie relevanten Revierteils erhalten, auf denen die Wege der geplanten Treiben eingezeichnet und alle wichtigen Telefonnummern festgehalten sind. Dies sind die Nummern von

— Jagdherr, Jagdleitung, Gruppenführer der einzeln Treiberwehren, und natürlich
— Tierärzten vor Ort und umliegenden tierärztlichen Einrichtungen.

Die genannten Informationen müssen auch alle Hundeführer – durchgehende ebenso wie Standschnaller – erhalten.
Für revierfremde Personen sollten zur besseren Orientierung zusätzlich die Standnummern der besetzten Stände aufgeführt werden. Zudem erleichtert dies die Kommunikation erheblich, wenn man anderen seinen Standort mitteilen möchte und z. B. keine Ortung über das Mobilfunknetz möglich ist.
Nützlich ist es, wenn auf den Karten auch potenzielle Gefahrenstellen wie steile Abhänge, Bahngleise und Straßen gekennzeichnet werden.

TIERMEDIZINISCHE VERSORGUNG

Ideal – Tierarzt im Revier

In Abhängigkeit der Größe der Jagd sollte mindestens ein Tierarzt eingeladen werden. Das gewährleistet eine qualifizierte Erstversorgung vor Ort. Wichtig ist es, diesem Tierarzt einen Stand zuzuweisen, der gesichert im Abdeckungsbereich des Mobilfunknetzes liegt. Für eine gute Erreichbarkeit des Veterinärs und die Möglichkeit eines schnellen Abrückens empfiehlt sich ein Stand mit zentraler Lage im Revier, nahe an einem gut befahrbaren Weg. Auch der Standort und die Telefonnummer(n) mitjagender Tierärzte müssen den Hundeführern und Treibern mitgeteilt werden.
Nach dem Ende der Jagd sollte der Tierarzt an einem vorher vereinbarten Ort, häufig dem Streckenplatz, Position beziehen, um ggf. geschlagene Hunde untersuchen und versorgen zu können. Im besten Fall steht für die Notfallversorgung der verletzten Hunde ein beheizter Raum mit Licht, Warmwasser und Strom zur Verfügung, allerdings lässt sich dies aus offensichtlichen Gründen nur sehr selten bewerkstelligen. Im Ernstfall ist auch die Wildkammer für eine Notfallversorgung gut geeignet.

Vorabinformation und Klärung

Unabhängig davon, ob Tierärzte während der Jagd vor Ort sind oder nicht, ist es sinnvoll, die tierärztlichen Einrichtungen der Umgebung im Vorfeld über die geplante Jagd und die Anzahl der eingesetzten Hunde zu informieren. Findet die Jagd, wie sehr oft, an einem Wochenende statt, muss geklärt werden, welche tierärztliche Einrichtungen in der Nähe überhaupt einen Notdienst anbieten. Wie schon in der Einleitung

Zentrales Aufbrechen und Versorgen von Schwarzwild trägt auch zur Senkung des Infektionsrisikos für die Hunde bei.

beschrieben, sinkt leider die Zahl der Einrichtungen, die einen umfassenden, 24-Stunden-Notdienst anbieten, immer weiter.
Je nach dem Ort der Jagd ist eine adäquate Notfallversorgung von schwer verletzten Hunden damit nicht mehr sichergestellt. Eine mögliche Abhilfe für den jeweiligen Jagdtag sind individuelle Vereinbarungen des Jagdherrn mit Tierarztpraxen oder tierärztlichen Einrichtungen, die über eine entsprechende personelle und apparative Ausrüstung für die Notfallversorgung schwerer verletzter Hunde verfügen.
Sind gar mehrere Hunde geschlagen, ist es überaus sinnvoll, die tierärztliche(n) Einrichtunge(n) seitens des Jagdleiters oder seiner Vertretung über die Anzahl der Hunde und den vermuteten Schweregrad der Verletzungen zu informieren. Das erleichtert eine reibungslose und effektive Versorgung ohne größeren Zeitverlust erheblich. Unter Umständen müssen die Hunde je nach Schweregrad ihrer Verletzung auf verschiedene Einrichtungen verteilt werden, um dieses Ziel zu erreichen.

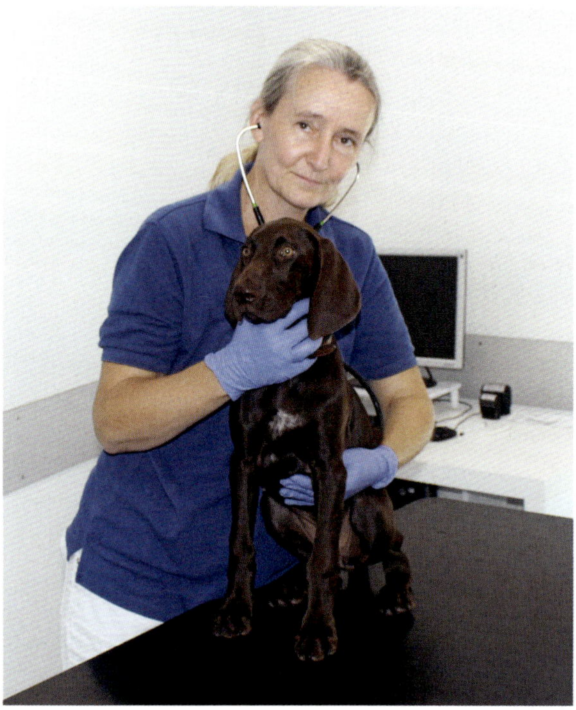

Wir fordern Leistung von unseren Hunden – regelmäßige Gesundheitschecks von klein auf sind daher wichtig.

KOSTEN

Die Kosten für die tiermedizinische Versorgung verletzter Hunde sind stark gestiegen. Gründe hierfür sind neben generellen Preissteigerungen immer aufwendigere diagnostische und chirurgische Möglichkeiten für deren Therapie. Mit dem Abschluss einer Tagesversicherung für die eingesetzten Jagdhunde durch den Jagdherrn kann das finanzielle Risiko für die Hundeführer jedoch reduziert werden. Dabei ist zu beachten, dass diese Versicherungen je nach Tarif Behandlungskosten nur bis zu einer bestimmten, vorher festgelegten Summe übernehmen. Erfahrungsgemäß wird diese Summe, insbesondere im Notdienst, schnell überschritten. Einige Versicherungsträger bieten Hundeversicherungen für Verletzungen an, sofern diese im Jagdbetrieb entstehen. In Baden-Württemberg sind Jagdhunde sogar über den LJV-Mitgliedsbeitrag dieserart versichert. Solche Versicherungen sind aber in aller Regel gedeckelt und verlangen eine Eigenbeteiligung.

VORKEHRUNGEN DES HUNDEFÜHRERS

GESUNDHEITSKONTROLLE UND TRAINING

Nur gesunde Hunde sind in der Lage, die für die Jagd notwendigen Höchstleistungen zu erbringen. Daher sollten sie in regelmäßigen Abständen, z. B. bei der jährlichen Leptospirose-Impfung (s. S. 135), tierärztlich untersucht werden. Je nach erhobenen Befunden können weitere Untersuchungen folgen, um gezielt eine ggf. notwendige Therapie einleiten zu können.
Wie schon zu Beginn dieses Kapitels dargestellt, sollten die Hunde auch die notwendi-

Die Helden sind müde. So regenerieren sie schneller als z. B. im kalten Zwinger.

ge, gute Kondition aufweisen, um im rauen Jagdalltag bestehen zu können. Beim Konditionstraining, wie z. B. Fahrradfahren oder Joggen, müssen natürlich der aktuelle Konditionszustand, Alter, Rasse und mögliche Vorerkrankungen des Hundes berücksichtigt werden.

ETWAS FUTTER VOR DER JAGD

Sehr hartnäckig hält sich das Gerücht, dass man Hunden vor der Jagd kein Futter anbieten solle. Damit der Hund die gewünschte Leistung am Jagdtag erbringen kann, benötigt er aber Energie! Um es hier deshalb noch mal zu verdeutlichen: Am Morgen eines Jagdtages, vorzugsweise zwei bis drei Stunden vor dem geplanten Einsatz, sollte dem Hund eine kleine, proteinreiche, leicht verdauliche Portion Futter angeboten werden, um das Risiko von Erschöpfung und Unterzuckerung (s. Kap. „Unterzuckerung" S. 114) zu minimieren. Am Abend vor der Jagd kann der Hund auch eine größere Portion an fettreichem Fleisch erhalten. Freier Zugang zu Wasser ist selbstverständlich. Auch nach der Jagd ist es sinnvoll, dem klinisch unauffälligen Hund proteinreiches, leicht verdauliches Futter in ausreichender Menge sowie Wasser zu reichen.

WARM UND TROCKEN NACH DER JAGD

Ein trockener, windgeschützter und warmer Platz ist für den Hund nach der Jagd dringend zu empfehlen. Nasse Hunde sollten unbedingt abgetrocknet werden. Je nach Wetterlage können auch Decken, Mäntel oder beheizbare Hundeboxen zum Einsatz kommen. Diese Maßnahmen beugen Unterzuckerung, Unterkühlung und Erschöpfungserscheinungen vor und fördern eine schnellere Regeneration des Hundes.

AUSRÜSTUNGSCHECK

Zu Beginn der Jagdsaison müssen alle Ortungsgeräte einschließlich ihrer Akkus auf ihre einwandfreie Funktion überprüft und ggf. neue, notwendige Lizenzen erworben werden. Die Firm- und Software dieser Geräte ggf. zu aktualisieren, ist ebenfalls ratsam. Die Akkus von Ortungsgeräten und Mobiltelefonen am Tag vor der Jagd aufzuladen,

ist obligat, sonst kann es während des Jagdtages zu bösen Überraschungen kommen. Es ist auch sinnvoll, mobile Ladegeräte oder Ersatzakkus mitzuführen.
Neben den bereits unter „Ortungsgeräten“ beschriebenen Vorteilen solcher Geräte kommt je nach Hersteller bzw. Modell noch ein weiterer hinzu: Während einer Gesellschaftsjagd können sich mehrere Hundeführer untereinander vernetzen und dann die Positionen der anderen Hunde und Hundeführer sehen. Dies erleichtert das gemeinschaftliche Jagen und hilft vor allem in Notfallsituationen ungemein.

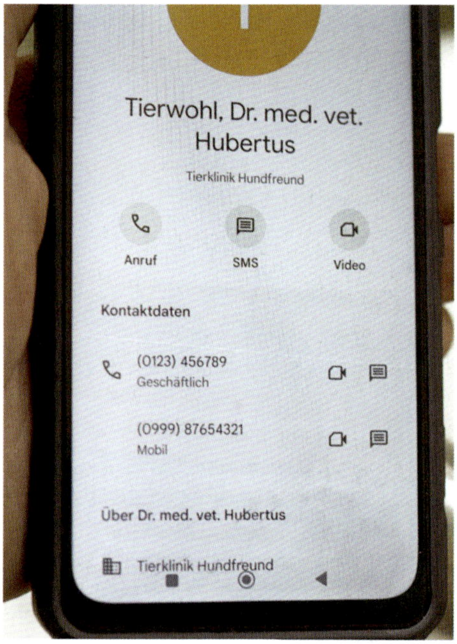

Ist die Telefonnummer des Tieraztes im Mobiltelefon gespeichert, kann das wertvolle Minuten bringen (Symbolbild).

TIPP
Wissen gerät allzu schnell in Vergessenheit – wer kennt das nicht? Der Beginn der Jagdsaison ist ein guter Zeitpunkt, das Thema Erste Hilfe beim Hund aufzufrischen oder vielleicht gar zu vertiefen.

WEITERE VORKEHRUNGEN

Trotz aller Vorsichtsmaßnahmen und Schutzausrüstung kann es immer zu schwerwiegenden Verletzungen kommen, und in diesem Fall ist es hilfreich, wenn man entsprechend vorgesorgt hat.
So sollte man die Telefonnummer(n) seines Tierarztes bzw. seiner Tierärzte des Vertrauens im Mobiltelefon speichern. Ist der Hund schwer geschlagen, muss man dann keine unnötige Zeit mit der Suche nach Telefonnummern verbringen. Wird man zur Jagd in fremden, weiter entfernt gelegenen Revieren eingeladen, informiert man sich sinnvollerweise im Vorfeld über die tierärztliche Versorgung in diesem Gebiet und speichert entsprechende Nummern und Adressen ebenfalls in seinem Mobiltelefon.
Eine Erste-Hilfe-Ausrüstung sollte jeder Hundeführer mit sich führen. Welche Ausrüstung für notwendig und sinnvoll erachtet wird, muss letztlich jeder Hundeführer selbst entscheiden – die unter „Ausrüstung für die Erste Hilfe“ (S. 35) beschriebenen Gegenstände und Verbrauchsmaterialien sind nur als Vorschlag zu verstehen.

ZUSATZVERSICHERUNG

Eine weitere sinnvolle Maßnahme ist der Abschluss zumindest einer Operationsversicherung für Hunde. Hier gibt es sehr viele unterschiedliche Angebote diverser Versicherer mit stark variierenden Prämien in Abhängigkeit von den angebotenen Leistungen. Um eine passende Versicherung für den eigenen Hund zu finden, sollte man sich eingehend mit diesem Thema beschäftigen und ggf. auch auf unabhängige Berater zurückgreifen.
Eine Versicherung schützt zwar nicht vor Verletzungen, sorgt aber dafür, dass im Fall eines Falles die Entscheidung für oder gegen die Behandlung eines schwer verletzten Hundes deutlich stärker von Prognose und Lebensqualität als von finanziellen Möglichkeiten bzw. Erwägungen abhängt.

IM NOTFALL SCHNELL, SICHER UND EFFEKTIV

Jagd ohne Hunde erscheint undenkbar. Umso wichtiger ist es, unseren Hunden auch bei Verletzungen im Jagdbetrieb eine optimale Notfallversorgung zu gewährleisten. Und diese Notfallversorgung beginnt mit der Ersten Hilfe vor Ort!
Wir hoffen, mit diesem Buch das notwendige Basiswissen vermittelt zu haben, das für das Erkennen sowie Einschätzen von Notfällen und die entsprechenden Erste-Hilfe-Maßnahmen nötig ist. Neben diesem theoretischen Wissen empfehlen wir praktische Übungen zur Erste Hilfe an Jagdhunden, um in einer Notfallsituation sicher, schnell und effektiv helfen zu können.

Dr. Christian Hackenbroich und
Wiebke Obst

ÜBER DEN AUTOR UND DIE AUTORIN

Dr. med. vet. Christian Hackenbroich, geboren 1971 im nordrhein-westfälischen Meerbusch-Lank, promovierte 1999 an der Chirurgischen Veterinärklinik in Gießen. Seit 2008 ist er einer der beiden Leiter des Tiergesundheitszentrums Northeim in Niedersachsen. Der Fachtierarzt für Anästhesiologie, Intensivmedizin und Schmerztherapie hält regelmäßig Vorträge über Erste Hilfe für Jagdhunde. Selbst begeisterter Jäger und Hundeführer, ist er überdies veterinärmedizinischer Referent der Akademie des Deutschen Jagdverbands.

Tierärztin Wiebke Obst, geboren 1995 in Göttingen, arbeitet seit Abschluss ihres Studiums an der tierärztlichen Hochschule Hannover seit 2021 im Tiergesundheitszentrum Northeim. Familiär von Kindesbeinen an mit der Jagd und Jagdhunden vertraut, erlangte sie auch selbst den Jagdschein und führt Jagdhunde: Ein Teckel und eine Deutsch-Kurzhaar-Hündin sind ihre vierbeinigen Partner. Wiebke Obsts Leidenschaft für ihren Beruf, das Waidwerk und die Arbeit mit Jagdhunden war die Motivation, als Autorin an diesem Buch mitzuwirken.

REGISTER

BILDNACHWEIS

Mit 157 Fotos des Tiergesundheitszentrums Northeim GbR (106, alle nachfolgend nicht mit Positionsangabe bezeichnete) sowie von AdobeStock (22)\adyafoto: S. 70/71 \Anna Chelnokova: S. 6/7 \Arda ALTAY: S. 113 u. \bennytrapp (2): S. 117, 129 \eAlisa: S. 40/41 \eliosdnepr: S. 125 \Irina Ermakova: S. 119 \adobestock_613873994_as \Елена Гурова: S. 114 \hemlep: S. 26 \karpichenko: S. 91 \Rita Kochmarjova: S. 92 \Melissa: S. 12 \motivjaegerin1: S. 124 \Natalia: S. 137 \Nordreisender: S. 43 \ Rudi REINER: S. 44 \SokolovskayaG: S. 122 \Gabi Stickler: S. 121 \VRD: S. 139 \WOD: S. 87; Verein Deutsch-Langhaar e. V.: S. 10; Markus Lück: S. 138; Ekkehard Ophoven (13): S. 22, 23, 25, 28, 76 M., 94, 126/127, 130, 134/136, 141, 144; Volker Rastup: S. 39; Michael Stadtfeld (8): S. 3,17, 51, 106/107, 109, 132, 133, 143, 145; Karl-Heinz Volkmar (5): S. 9, 15, 116, 120, 128

Mit 10 Illustrationen von Kay Elzner (9): S. 45 alle, 46, 56, 58, 79, 80 sowie aus Müller, G. A., Reinhardt, R. (1932): Der kranke Hund, 6. Aufl., Paul Parey, Berlin: S. 5 o.

IMPRESSUM

Umschlaggestaltung von Büro Jorge Schmidt, München, unter Verwendung eines Fotos von Michael Stadtfeld

Mit 157 Farbfotos, 9 Farb- und 1 Schwarzweißzeichnung

Alle Angaben in diesem Buch erfolgen nach bestem Wissen und Gewissen. Sorgfalt bei der Umsetzung ist indes dennoch geboten. Der Verlag und der Autor übernehmen keinerlei Haftung für Personen-, Sach- oder Vermögensschäden, die aus der Anwendung der vorgestellten Materialien, Methoden oder Informationen entstehen könnten.

Unser gesamtes Programm finden Sie unter **kosmos.de**.
Über Neuigkeiten informieren Sie regelmäßig unsere
Newsletter, einfach anmelden unter **kosmos.de/newsletter**

Gedruckt auf chlorfrei gebleichtem Papier

Pfizerstraße 5–7, 70184 Stuttgart
info@kosmos.de

ISBN 978-3-440-17883-6
Redaktion: Ekkehard Ophoven
Gestaltungskonzept: Peter Schmidt Group GmbH, Hamburg
Gestaltung und Satz: DOPPELPUNKT, Stuttgart
Produktion: Vanessa Frömmig
Druck und Bindung: Westermann Druck Zwickau GmbH, Zwickau
Printed in Germany / Imprimé en Allemagne

FSC www.fsc.org MIX Papier | Fördert gute Waldnutzung FSC® C110508